黄河下游防汛抢险管理实务

刘振华　著

黄河水利出版社
·郑州·

图书在版编目(CIP)数据

黄河下游防汛抢险管理实务/刘振华著. —郑州:黄河水利出版社,2022.11

ISBN 978-7-5509-3465-8

Ⅰ.①黄…　Ⅱ.①刘…　Ⅲ.①黄河-下游-防洪　Ⅳ.①TV882.1

中国版本图书馆 CIP 数据核字(2022)第 230609 号

出 版 社:黄河水利出版社　　　　　　　　　网址:www.yrcp.com

　　　　地址:河南省郑州市顺河路黄委会综合楼 14 层　邮政编码:450003

发行单位:黄河水利出版社

　　　　发行部电话:0371-66026940、66020550、66028024、66022620(传真)

　　　　E-mail:hhslcbs@ 126.com

承印单位:广东虎彩云印刷有限公司

开本:787 mm×1 092 mm　1/16

印张:10

字数:230 千字

版次:2022 年 11 月第 1 版　　　　　　　　　印次:2022 年 11 月第 1 次印刷

定价:60.00 元

前　言

黄河下游河道横贯华北平原,上宽下窄,河道坡降小,水流平缓,绝大部分河段靠堤防约束。由于大量泥沙淤积,河道逐年抬高,形成了著名的"地上河"。

小浪底水利枢纽投入运用以来,黄河下游防洪标准显著提高,尤其 2002 年调水调沙运用以来,黄河下游河道刷深,过流能力明显提高。但若遇大洪水,小浪底水库也不能完全保证下游的安全, 小浪底—花园口区间是一个暴雨区,还没有得到有效控制,花园口站百年一遇洪水仍可达 15 700 m³/s,黄河下游防汛压力依然很重。

2019 年 9 月 18 日,习近平总书记视察黄河,把黄河流域生态保护和高质量发展上升为重大国家战略,防汛行政首长负责制从有名走向有实。2021 年 9 月,黄河下游发生1985 年以来最严重秋汛,对黄河下游防汛工作来说是一次大考,虽然取得了抗洪胜利,但也暴露出职责不清、程序不畅、配合不力、保障滞后、业务粗放等问题,影响了防汛抢险成效。为了加强防汛抢险流程管理,提升基层防汛人员技能,作者从黄河下游治理体系入手,根据备汛、查险、报险、抢险程序和相关规定进行了梳理总结,撰写了本书。全书共分三篇。第一篇为黄河河道基本知识;第二篇为黄河下游治理实践;第三篇为防汛工作运行管理。本书可作为基层防汛干部、专防队伍和群防队伍的培训用书。

由于作者水平有限,书中不当之处在所难免,敬请广大读者批评指正。

作　者

2022 年 11 月

目　录

第一篇　黄河河道基本知识

　　黄河,中国的第二大河,发源于青海高原巴颜喀拉山北麓的约古宗列盆地,流经青海、四川、甘肃、宁夏、内蒙古、山西、陕西、河南、山东等九省(区),于山东省东营市垦利区注入渤海,干流全长 5 464 km,水面落差 4 480m,流域总面积 79.5 km²。黄河呈"几"字形结构,流域地势西部高、东部低,由西向东逐级下降,高差悬殊。它横跨我国三级阶梯,第一阶梯和第二阶梯的分界线为昆仑山、阿尔金山、祁连山、横断山,第二阶梯和第三阶梯的分界线为大兴安岭、太行山、巫山、雪峰山。

　　根据河道流经区的自然环境和水文情况,黄河分为上、中、下游。河源至内蒙古自治区托克托县河口镇称为黄河上游;河口镇至河南省郑州市桃花峪称为黄河中游;桃花峪至渤海称为黄河下游。

第一章 黄河上游河道概况

黄河上游自河源至内蒙古自治区托克托县河口镇,河长 3 471.6 km,落差 3 500 m,流域面积 42.8 万 km²,占全河流域面积的 53.8%。上游河段年来沙量仅占全河年来沙量的 8%,水多沙少,黄河水量的 56% 来自兰州以上,是黄河的清水来源区。根据上游河道特性的不同,可分为河源段、峡谷段和冲积平原段三部分。

一、河源段

河源段从黄河源至青海省龙羊峡。该河段曲折迂回,水质清澈、来水量大,也是黄河水的主要来源区。河源当地称玛曲,"玛"藏语意为孔雀,"曲"是河,"玛曲"即孔雀河。孔雀河起始于约古宗列盆地西南隅卡日扎穷山的玛曲曲果日(意即黄河源头山),山坡前有众多的泉群,泉群汇集成东、中、西三股泉流,缓缓东北流入约古宗列。约古宗列是一个海拔 4 500 m 左右的盆地,东西长 20 余 km,南北宽约 13 km,它串联大小水泊,蜿蜒东北行,穿过第一个峡谷——茫尕峡(长 18 km)进入玛涌。玛涌即黄河滩,自茫尕峡出口至扎陵湖,东西长 40 km,南北宽约 20 km,黄河滩的西半部分就是著名的星宿海。星宿海实际上并不是海,东西长 20 多 km,南北宽 10 多 km,是一片辽阔的草滩和沼泽。滩面海拔 4 350 m 左右。黄河流经星宿海,先后接纳西北方向流来的扎曲和西南方向流来的卡日曲,水量大增,继续东行约 20 km,穿过一段低矮的谷地和沼泽草甸,进入扎陵湖和鄂陵湖。这两个湖泊海拔在 4 260 m 以上,蓄水量分别为 47 亿 m³ 和 108 亿 m³,是中国最大的高原淡水湖。出鄂陵湖东行 65 km 流经黄河上游第一座县城玛多。黄河干流上第一座水文站——黄河沿水文站即设于此地。黄河沿以上流域面积 2 万多 km²,年水量 5 亿 m³,平时河面宽 30~40 m,俨然已是一条大河了。玛多至下河沿河段河道长 2 211.4 km,水面落差 2 985 m,是黄河水力资源的富矿区。黄河流经青藏高原与黄土高原交接地带,地质条件复杂。黄河流经这些山谷或沿着较大断裂发育,其水流方向多与山地走向正交或斜交,河谷忽宽忽窄,出现川峡相间的河谷形态。

白河、黑河是黄河上游四川省境内的两大支流,位于黄河流域最南部。白河发源于红原县查勒肯,自南而北,流经红原县,至若尔盖县的唐克镇附近汇入黄河,河道长 270 km,流域面积 5 488 km²。黑河发源于红原与松潘两县交界岷山西麓的洞亚恰,由东南流向西北,经若尔盖县,于甘肃省玛曲县曲果果芒汇入黄河,河道长 456 km,流域面积 7 608 km²。白河多年平均径流量 17.8 亿 m³,黑河多年平均径流量 18.3 亿 m³,径流模数分别为 32.4 万 m³/km² 和 24.1 万 m³/km²,居黄河支流之冠。

二、峡谷段

峡谷段从青海省龙羊峡至宁夏回族自治区青铜峡。该河段穿峡而过,河道比降大,水流湍急,最长的峡谷是拉加峡,位于青海、甘肃两省交界的玛曲、玛沁、同德县境,由许多连续的峡谷组成,全长 216 km,上下口落差 588 m,蕴藏的水力资源十分丰富。最窄的野狐峡,长 33 km,左岸为 40~50 m 高的石梁,右岸为峭壁,高达 100 m,两岸岸距很小,河宽仅 10 余 m,从峡底仰视,仅见青天一线。比降最陡的峡谷是龙羊峡,位于青海省共和、贵德县境,峡长 38 km,落差 235 m,纵比降 6.1‰。河段内已建成龙羊峡、刘家峡、盐锅峡、八盘峡、沙坡头等水电站及水利枢纽,也是黄河流域重要的水电站基地。

湟水是黄河上游左岸一条大支流,发源于达坂山南麓青海省海晏县境,流经西宁市,于甘肃省永靖县付子村汇入黄河,全长 374 km,流域面积 32 863 km²,其中约有 88% 的面积属青海省,12% 的面积属甘肃省。

洮河是黄河上游右岸的一条大支流,发源于青海省河南蒙古族自治县西倾山东麓,于甘肃省永靖县汇入黄河刘家峡水库区,全长 673 km,流域面积 25 527 km²,据沟门村水文站资料统计,年平均径流量 53 亿 m³,年输沙量 0.29 亿 t,平均含沙量仅 5.5 kg/m³,水多沙少。在黄河各支流中,洮河年水量仅次于渭河,居第二位;径流模数为 20.8 万 m³/km²,仅次于白河、黑河,是黄河上游地区来水量最多的支流。

三、冲积平原段

冲积平原段从宁夏青铜峡至内蒙古托克托河口镇。该河段地势平缓,水流缓慢,开始由南向北,至三盛公逐渐折向东流,到河口镇则又转向南流,构成著名的"黄河河套"。下河沿至石嘴山一段,黄河流经富饶的宁夏平原,河道长 317 km,河宽 400~3 000 m,比降为 4.5‰,河床由砂卵石组成。石嘴山至磴口,黄河穿行于乌兰布和沙漠与鄂尔多斯台地之间,河长 88 km,比降 2.9‰,河床缩窄,局部地段有砾石基岩出露,水面宽 300~700 m,河道两岸沙丘起伏,一望无际。磴口至河口镇,黄河蜿蜒于内蒙古河套平原之上,河长 585 km,河宽 500~2 500 m,比降 1.3‰,水流缓慢,是弯曲型的平原河道。河段内已建成青铜峡、三盛公、海勃湾水利枢纽等,宁夏青铜峡灌区、内蒙古三盛公灌区是荒漠中的两大绿洲,也是重要的农业基地。

第二章 黄河中游河道概况

黄河中游自内蒙古自治区托克托县河口镇至郑州桃花峪附近,河长 1 206 km,流域面积 34.4 万 km²,占全流域面积的 43.3%,落差 890 m,平均比降 7.4‰。区间增加的水量占黄河水量的 42.5%,增加沙量占黄河总沙量的 92%,河口镇至三门峡区间是黄河泥沙的主要来源区。根据中游河道特性的不同,可分为晋陕峡谷段、汾渭平原段、晋豫峡谷段三部分。

一、晋陕峡谷段

晋陕峡谷段自内蒙古自治区托克托县河口镇至山西省禹门口。该河段是黄河干流最长的一段连续峡谷,黄河自河口镇急转南下,直至禹门口,飞流直下 725 km,水面跌落 607 m,流经黄土丘陵沟壑区,将黄土高原分割两半,以河为界,左岸是山西省,右岸是陕西省,构成峡谷型河道。峡谷两岸是广阔的黄土高原,土质疏松,水土流失严重。支流水系特别发育,流域面积大于 100 km² 的支流有 56 条。区间支流平均每年向干流输送泥沙 9 亿 t,占全河年输沙量的 56%,是黄河粗泥沙的主要来源。万家寨水利枢纽位于此段。晋陕峡谷河段碛流较多,下段的壶口瀑布,是黄河干流唯一的瀑布。壶口瀑布左岸位于山西省吉县,右岸位于陕西省宜川县。黄河由 250~300 m 宽的水面,骤然束窄,从 17 m 的高处,跌入 30~50 m 宽的石槽里,像一把巨壶注水,故有"壶口"之名。

窟野河是黄河中游右岸的多沙粗沙支流,发源于内蒙古自治区鄂尔多斯市的巴定沟,流向东南,于陕西省神木县沙峁头村注入黄河,河流长 242 km,流域面积 8 706 km²。据温家川水文站 1954—1980 年实测资料统计,该河年径流量 7.47 亿 m³,年输沙量 1.36 亿 t,平均含沙量高达 182 kg/m³,是黄河平均含沙量的 6.4 倍,流域输沙模数高达 1.56 万 t/km²,中下游的黄土丘陵沟壑区竟高达 2 万~3 万 t/km²,是黄河流域土壤侵蚀最严重的地区,也是黄河粗泥沙的主要来源区之一,对黄河下游河道淤积有严重影响。

无定河是黄河中游右岸的一条多沙支流,发源于陕西省北部白于山北麓定边县境,流经内蒙古自治区鄂尔多斯市乌审旗境内,流向东北,后转向东流,至鱼河堡,再转向东南,于陕西省清涧县河口村注入黄河,全长 491 km,流域面积 30 261 km²。据川口水文站 1957—1967 年实测资料统计,该河平均年径流量为 15.35 亿 m³,年输沙量 2.17 亿 t,平均含沙量 141 kg/m³,输沙总量仅次于渭河,居各支流第二位。

二、汾渭平原段

汾渭平原段自山西省禹门口至河南省三门峡。黄河出晋陕峡谷,河面豁然开阔,水流平缓,是陕西、山西两省的重要农业区,是黄河下游泥沙的主要来源区之一。从禹门口至潼关,河道长 125 km,落差 52 m。河谷宽 3~15 km,平均宽 8.5 km。河道滩槽明显,滩面宽阔,滩地面积达 600 km²。滩面高出水面 0.5~2.0 m。该段河道冲淤变化剧烈,主流摆动频繁,有"三十年河东,三十年河西"之说,属游荡性河道。禹门口至潼关区间流域面积 18.5 万 km²,汇入的大支流有渭河和汾河。三门峡以上 113 km 的黄土峡谷,较为开阔。

汾河发源于山西省宁武县管涔山,纵贯山西省境中部,流经太原和临汾两大盆地,于万荣县汇入黄河,干流长 710 km,流域面积 39 471 km²,是黄河第二大支流,也是山西省的最大河流。

渭河位于黄河腹地大"几"字形基底部位,西起鸟鼠山,东至潼关,北起白于山,南抵秦岭,流域面积 13.48 万 km²,为黄河最大支流。渭河年径流量 100.5 亿 m³,年输沙量 5.34 亿 t,分别占黄河年水量、年沙量的 19.7%和 33.4%,是向黄河输送水、沙最多的支流。渭河干流偏于流域南部,沿秦岭北麓东流,河道长 818 km,较大支流多集中在北岸,其中流域面积大于 10 000 km² 的大支流有 3 条,即葫芦河、泾河、北洛河。葫芦河发源于宁夏回族自治区西吉县月亮山,流经甘肃省静宁县、庄浪县、秦安县,至天水市三阳川注入渭河,河长 300 km,流域面积 10 730 km²,年径流量 5 亿 m³。泾河发源于宁夏回族自治区泾源县六盘山东麓,于陕西省高陵县注入渭河,河长 455 km,流域面积 45 421 km²。据张家山站实例资料统计,年径流量 20 亿 m³,年输沙量 2.82 亿 t,是渭河的主要来沙区。北洛河发源于陕西省定边县白于山南麓,于大荔县境汇入黄河,河长 680 km,流域面积 26 905 km²。

三、晋豫峡谷段

晋豫峡谷段自三门峡至桃花峪。三门峡以下至孟津 151 km,河道穿行于中条山与崤山之间,是黄河最后的一个峡谷段,界于河南、山西之间,故称晋豫峡谷。谷底宽 200~800 m;三门峡至桃花峪区间大支流有洛河及沁河,区间流域面积 4.2 万 km²,是黄河流域常见的暴雨中心。暴雨强度大,汇流迅速且集中,产生的洪水来势猛,洪峰高,是黄河下游洪水的主要来源之一。孟津以下,是黄河由山区进入平原的过渡河段,南依邙山,北傍青风岭,部分地段修有堤防。

洛河发源于陕西省华山南麓蓝田县境,至河南省巩义市境汇入黄河,河道长 447 km,流域面积 18 881 km²,年平均径流量 34.3 亿 m³,年输沙量 0.18 亿 t,平均含沙量仅 5.3 kg/m³,年径流模数 18.2 万 m³/km²,水多沙少,是黄河的多水支流之一。

沁河发源于山西省平遥县黑城村,自北而南,过沁潞高原,穿太行山,自济源五龙口进入冲积平原,于河南省武陟县南流入黄河。河长 485 km,流域面积 13 532 km²,是黄河三门峡至花园口区间洪水来源区之一。

第三章　黄河下游河道概况

　　黄河下游自桃花峪至入海口,河长786 km,落差94 m,流域面积2.3万km²,占黄河流域面积的3%,区间增加的水量占黄河水量的3.5%。下游河道横贯华北平原,上宽下窄,河道坡降小,水流平缓,绝大部分河段靠堤防约束。由于大量泥沙淤积,河道逐年抬高,目前河床平均高出背河地面3～5 m,部分河段如河南封丘曹岗附近高出10 m,是世界上著名的"地上悬河"。桃花峪至兰考东坝头河段长136 km,系明清河道,两岸堤防已有300～500年的历史。东坝头至陶城铺河段长236 km,1855年黄河决口改道,泛流了20多年后才逐渐修筑堤防。陶城铺以下系大清河故道。

　　桃花峪至高村河段长206.5 km,两岸一般堤距5～14 km,最宽处达20 km,河道宽浅,河心多沙洲,水流散乱,冲淤变化剧烈,主流游荡不定,是典型的游荡性河道。高村至陶城铺河段,长165 km,堤距1.5～8.5 km,主槽摆幅及速率较游荡性河段小,一般为3～4 km,属于游荡性河道与弯曲性河道之间的过渡性河道,经过整治,河槽已渐趋稳定。陶城铺至利津河段长310多km,堤距0.4～5 km,两岸险工、控导工程鳞次栉比,防护段长占河长的70%,河势已得到基本控制,平面变化不大,属于弯曲性河道。利津以下是黄河的河口段。黄河河口位于渤海湾与莱州湾之间,由于黄河将大量泥沙输送至河口地区,大部分淤在滨海地带,填海造陆,塑造了黄河三角洲。

　　金堤河发源于河南省新乡县境,流向东北,经河南、山东两省,至台前县张庄附近穿临黄堤入黄河。随着黄河河道的逐渐淤高,金堤河入黄日益困难,流域内洪、涝、旱、碱、沙等灾害频繁。1965年以来,疏浚了干流和主要支流河道,修建了张庄入黄闸,排水系统基本形成,洪涝灾害有所减轻。

　　金堤河中下游于1951年辟为黄河下游北金堤滞洪区,并建有石头庄溢洪堰等工程。为有利于防汛,1977年废溢洪堰,兴建渠村分洪闸,用以防御黄河特大洪水。

　　大汶河发源于山东省旋崮山北麓沂源县境内,由东向西汇注东平湖,出陈山口后入黄河。干流河道长239 km,流域面积9 098 km²。习惯上东平县马口以上称大汶河,干流长209 km,流域面积8 633 km²;以下称东平湖区,流域面积465 km²(不包括新湖区)。大汶河干支流都是源短流急的山洪河流,洪水涨落迅猛,平时只有涓涓细流。大部分河道为中粗砂堆积,河身宽浅,没有明显河槽。大汶河口以上地区,是大汶河洪水泥沙的主要来源区,干支流呈扇形汇集,流域面积达5 669 km²。大汶口至东平湖,河道长89 km(戴村坝以下又叫大清河),为平原性河道,两岸大部分河段设有堤防,河宽1 000～2 000 m,平均比降0.7‰,河床覆盖中砂。大汶河多年平均径流量约18.2亿m³,年平均输沙量约182万t,水、沙都集中来自洪水时期,7—8月2个月径流量占全年径流量的64%,输沙量占84%;1—6月6个月的水、沙量只占全年的5%左右。

第四章　黄河下游雨洪来源

根据黄河水沙的来源和特点,可以说黄河利在上游、洪水和泥沙来自中游、防洪重点在下游。

一、雨量等级划分及预警

小雨:日(本日 8 时至次日 8 时)降雨量小于 10 mm。

中雨:日降雨量 10~25 mm。

大雨:日降雨量 25~50 mm。

暴雨:日降雨量 50~100 mm。

大暴雨:日降雨量 100~200 mm。

特大暴雨:日降雨量大于或等于 200 mm。

预警信号总体上分为四级(Ⅳ、Ⅲ、Ⅱ、Ⅰ级),按照灾害的严重性和紧急程度,颜色依次为蓝色、黄色、橙色和红色,分别代表一般、较重、严重和特别严重。根据不同的灾种特征、预警能力等,确定不同灾种的预警分级及标准。

二、5 个主要雨区

(1)兰州以上雨洪来源:多为强度小、面积大、历时长的强连阴雨所形成。洪水特点是洪峰低、历时长、含沙量小。洪水主要来自吉迈至唐乃亥近 8 万 km² 的地区,大洪水发生时间在每年的 6—9 月,洪水历时一般为 20~40 d,最长 66 d,洪水总量 60 亿~100 亿 m³。由于龙羊峡等水库的修建,洪水威胁基本解除。该区是黄河的主要来水区,尤其是龙羊峡以上的河源区谓之"黄河水塔"。

(2)河龙区间:河口镇至龙门区间(流域面积约 11 万 km²),河龙区间黄土区占58.8%,水土流失严重。洪水主要由暴雨形成,暴雨多发生在 6—10 月,该区间多年平均降水量438 mm,多为典型的超渗产流模式。该区的年降水量少,降水集中,强度高,历时短,产流快,涨势猛,峰高量小,含沙量大。尤其是山陕区间北部,年降水量虽少,但多暴雨。这一区间的洪水又分为吴堡以上洪水和吴龙区间(指吴堡至龙门区间)洪水 2 个来源区。

吴堡以上洪水由万家寨水库、龙口反调节水库以及天桥水库控制,天桥以上洪水主要来自红河、偏关河及黄甫川几条较大支流,尤以黄甫川的洪水泥沙对天桥水库威胁较大;天桥以下洪水主要来源于孤山川和窟野河等支流。吴堡的洪水主要由天桥水库下泄流量及孤山川和窟野河等支流洪水形成,其中一个支流的洪水就可以形成吴堡站大于 10 000 m³/s 的洪峰,各支流同时发生洪水,但由于洪峰尖瘦,洪峰不易完全遭遇。

吴堡至龙门区间洪水主要来自无定河、清涧河、延水、三川河和昕水河 5 条河流,这 5 条河流均没有发生过大于 10 000 m³/s 的洪峰流量。

（3）龙三间：龙门至三门峡区间（流域面积 19 万 km²），该区黄土区占 58.8%，水土流失也很严重。多年平均降水量 552 mm，该区主要是泾、渭、北洛河来水，泾、渭、北洛河洪水主要来自泾河张家山，渭河咸阳及北洛河交口河以上，均由强度较大的暴雨形成。但来自不同区的洪水特点明显不同，泾河、北洛河洪水一般峰高量小、含沙量大；渭河洪水相对峰低量大，历时长、含沙量小，尤其是渭河华县洪水历时长。

（4）三花区间：三门峡至花园口区间（流域面积 4.16 万 km²），该区洪水主要来自伊洛河、沁河、三门峡至小浪底区间（三花区间）及小浪底、洛河黑石关、沁河、武陟至花园口区间（小浪底至花园口区间）。多年平均降水量 644 mm，属于半湿润地区，是黄河的主要暴雨区，产流快，含沙量小。该区地形特殊，三面环山，东南敞口，主要受东南来的台风影响，多暴雨。三花区间内除有陆浑、故县 2 座大型水库外，还有中小型水库 500 余座，总库容约 33 亿 m³，对拦蓄降雨径流和减小洪峰流量有很大作用。

伊洛河洪水由伊河及洛河洪水组成，伊河上游有陆浑水库，库容 13.8 亿 m³；洛河上游有故县水库，库容 11.7 亿 m³。

沁河洪水主要来自上中游及支流丹河，丹河已修建了很多中小型水库，河口村水库、任庄水库和青天河水库拦洪作用大。沁河下游有堤防束水，防洪标准为 4 000 m³/s，超过标准进行分洪，因此沁河进入黄河的最大流量一般不超过 4 000 m³/s。

（5）汶河流域：汶河是黄河下游的最大支流，汶河流域经常受东南气流或台风影响，形成暴雨洪水，汶河流域总面积 0.86 万 km²。洪水特点是洪水尖瘦、含沙量小。汶河洪水先进入东平湖水库滞蓄，再汇入黄河，对黄河下游防洪构不成直接威胁，只是当它与黄河中游洪水相遇时，黄河下游水位较高，东平湖洪水汇入黄河受到顶托，从而影响山东河段防洪。

三、黄河下游洪水来源区

黄河下游洪水主要来自 3 个来源区：河龙间（河口镇至龙门区间 11 万 km²）、龙三间（龙门至三门峡区间 19 万 km²）、三花间（三门峡至花园口区间 4.16 万 km²）。

3 个不同区的降雨组合成花园口站的上大型、下大型、上下较大型洪水。

上大型洪水指以三门峡以上河龙间和龙三间来水为主形成的洪水，其特点是峰高、量大、含沙量也大。如 1843 年调查洪水，三门峡站、花园口站洪峰流量分别为 36 000 m³/s、33 000 m³/s；1933 年实测洪水，三门峡站、花园口站洪峰流量分别为 22 000 m³/s、20 400 m³/s。随着三门峡水库、小浪底水库的建成，这类洪水逐步得到控制。

下大型洪水指以三花间来水为主的洪水，具有洪峰高、涨势猛、洪量集中、含沙量小、预见期短的特点，对黄河下游防洪威胁最为严重。如 1761 年调查洪水，花园口站、三门峡站洪峰流量分别为 32 000 m³/s、6 000 m³/s；1958 年实测洪水，花园口站、三门峡站洪峰流量分别为 22 300 m³/s、6 520 m³/s。小浪底水库建成后，三门峡至小浪底之间的洪水也得到一定程度的控制。

上下较大型洪水指以龙三间和三花间组成的洪水，由于形成的条件不同，一般不遭遇。如 1957 年 7 月洪水，花园口站、三门峡站洪峰流量分别为 13 000 m³/s、5 700 m³/s。

四、黄河编号洪水标准

依据《全国主要江河洪水编号规定》,全国大江大河大湖以及跨省独流入海的主要江河水位(流量)达到的警戒水位(流量),均可定义为洪水编号标准。洪水编号由江河(湖泊)名称、发生洪水年份和洪水序号三部分顺序组成。

黄河洪水编号范围为黄河干流唐乃亥至花园口河段。当黄河洪水满足下列条件之一时,进行洪水编号。

(1)上游唐乃亥水文站流量达到 2 500 m³/s 或兰州水文站流量达到 2 000 m³/s;

(2)中游龙门水文站或潼关水文站流量达到 5 000 m³/s;

(3)下游花园口水文站流量达到 4 000 m³/s。

上述 3 个条件满足其中之一时,就要进行洪水编号。

对于复式洪水,当洪水再次达到编号标准,且满足下列条件之一时,另行编号。

(1)上游洪水时间间隔达到 48 h;

(2)中下游洪水时间间隔达到 24 h。

五、黄河下游洪水演进

洪水传播速度与洪峰流量大小、峰型胖瘦、河道比降、含沙量、断面形态、引水灌溉、河床糙率等因素有关。

三门峡出库洪水至花园口的传播时间一般为 1 d 左右,其中三门峡至小浪底 10 h 左右,小浪底至花园口 14 h 左右。花园口至河口河床冲淤严重,河势多变,加之滩区生产堤的影响,洪水传播时间很不稳定,洪峰流量与传播时间的关系十分散乱。

黄河下游河道为复式河槽,河道宽浅,一般中常洪水在主槽内演进,变化较为稳定。大洪水普遍漫滩,断面增大,流速减小,滞洪作用加大,洪峰传播时间加长。

黄河下游各主要控制站洪水正常传播时间参考见表4-1。

表 4-1 黄河下游各主要控制站洪水正常传播时间参考

水文站	花园口	高村	孙口	艾山	泺口	利津
流量级/(m³/s)	4 000 以下	3 800 以下	3 600 以下	3 500 以下	3 500 以下	3 300 以下
传播时间/h	30	25	15	15	20	
流量级/(m³/s)	4 000～6 000	3 800～5 500	3 600～5 200	3 500～5 000	3 500～5 000	3 300～4 800
传播时间/h	30	25	15	15	20	
流量级/(m³/s)	6 000～10 000	5 500～9 000	5 200～8 500	5 000～8 200	5 000～7 800	4 800～7 500
传播时间/h	35	30	15	15	20	

续表 4-1

水文站	花园口	高村	孙口	艾山	泺口	利津
流量级/(m³/s)	10 000~15 000	9 000~13 500	8 500~12 500	8 200~10 000	7 800~10 000	7 500~10 000
传播时间/h	35	32	18	18	22	
流量级/(m³/s)	15 000~22 000	13 500~20 000	12 500~17 500	10 000	10 000	10 000
传播时间/h	35	35	20	20	25	

第五章 黄河下游河道变迁

黄河以"善淤、善决、善徙"而著称,向有"三年两决口,百年一改道"之说。自公元前602年(周定王五年)至公元1938年的2 540年间,黄河共决溢1 590次,改道26次,其中大改道5次,历史上黄河下游河道变迁的范围,大致北到海河,南达江淮。

一、禹河

通常认为,《尚书·禹贡》中所记载的河道是有文字记载的最早黄河河道。夏、商、周时代,黄河下游河道呈自然状态,低洼处有许多湖泊,河道串通湖泊后,分为数支,游荡弥漫,同归渤海,史称禹河。

考古学家发现,新石器时代在今河北平原(豫北、冀南、冀中、鲁西北)中部存在着一片极为宽阔的空旷区,至商、周时代,空旷区缩小,人类活动从冲积平原扇顶向下游发展。商都在今豫北古黄河两岸多次迁徙,人们追逐河滩丰美的水草,祭祀河神,祈望躲避洪水。西周时人类活动发展到冀中南的雄县、广宗、曲周一线。春秋时代邯郸以南至泰山以西,平原空旷区东西不过七八十公里。

历史文献的记载与考古的发现大致相符。最早记载黄河的地理著作是《尚书·禹贡》和《山海经》。

《尚书·禹贡》记述的禹河大约是战国及其以前的古黄河,其行径是"东过洛汭,至于大伾,北过降水,至于大陆,又北播为九河,同为逆河,入于海"。洛汭,即洛水入河处。大伾,为山名,在今河南荥阳西北汜水镇(又说在今浚县东南)。降水,即漳水(今漳河),"北过降水",即黄河北流纳漳水合流。大陆即大陆泽,今河北省大陆泽及宁晋泊等洼地。河水从大陆泽分出数条支河,归入渤海,又因受海潮的顶托,故称为"逆河"。

《山海经》中记述了从太行山向东流入大河的各条支流,自漳水以北注入大河的有10条,注入各湖泽的有5条,注入滹沱河的有5条。

根据古文献记载与地质条件的分析,在下游古黄河自然漫流期间,沿途接纳了由太行山流出的各支流,水势较大,流路较稳。它在今孟津出峡谷后在孟县和温县一带折向北,经沁阳、修武、获嘉、新乡、汲县、淇县(古朝歌)、汤阴及安阳、邯郸、邢台等地东侧,穿过大陆泽,散流入渤海。这条流路恰好经过近代强烈下沉的廊(坊)济(源)裂谷。谷西为太行隆起(断块),谷东为清(河北清县)浚(河南浚县)隆起(断隆),两者都是上升带,大河纵贯于两隆起之间的裂谷槽地。

二、战国至西汉黄河(公元前4世纪至公元初年)

西周末年,中国经济重心向东转移,公元前770年周平王迁都成周(今洛阳东),下游平原区逐渐得到开发。春秋后期,齐国首先称霸天下,于公元前685年开始,在黄河下游低平处筑堤防洪,开发被河水淤漫的滩地,所谓"齐桓之霸,遏八流以自广"。当时其他诸侯国相继筑堤,"壅防百川,各以自利"。从此黄河下游漫流区日益缩小,九河逐渐归一。由于堤防约束,河床淤高。

周定王五年(公元前 602 年),黄河在黎阳宿胥口(今淇河、卫河合流处)夺河而走,自今河南浚县南改道折向东,又东北经山东西北部,入河北境,循今卫河河道,北汇合故道入海,为黄河第一次大改道,改道后至西汉末,共行河 613 年。

战国时期,七雄争霸,韩、赵、魏、齐、燕分居黄河下游。当时齐与赵、魏以黄河为界。齐国在东面,地势低平,修筑堤防距离大河 25 里,防止洪水东泛;赵、魏在西面,靠近山区,也距河 25 里筑堤,防止洪水西泛。这一时期修筑的堤防,各以自利,没有统一的规划,人为的弯曲很多。较大的弯曲有 4 个:黄河出山口东北流至黎阳(今浚县)拐向东流,至濮阳西北角又拐向北东流,至馆陶又拐向东流,至灵丘(今山东高唐县清平附近)东又拐向北东流入渤海,小的弯曲就更多了。

西汉时期,黄河下游河道又发生了新的变化。第一,在相距 50 里的大堤内出现了许多村落,堤内的居民修筑直堤来保护田园。第二,大河堤距宽窄不一,窄处仅数百步,宽处数里或数十里。第三,堤线曲折更多,如从黎阳至魏郡昭阳(今濮阳西)两岸筑石堤挑水,百余里内有 5 处。第四,黄河成了地上河,个别河段堤防修得很高。如黎阳南 70 里的淇水口,堤高 1 丈,自淇口向北 18 里至遮害亭堤高 4~5 丈。

在这种河道形势下,西汉时决溢较多。汉武帝元光三年(公元前 132 年)黄河在今河南濮阳西南瓠子决口,再次向南摆动,洪水向东南冲入巨野泽,由泗水入淮河,淹及 16 郡,横流了 23 年才堵复。

王莽始建国三年(公元 11 年),河决魏郡(今濮阳市西),改道东流。此时王莽执政,其祖坟在元城(今河北大名东),认为大河东去,家乡可免除水灾,因此不堵决口,任大河自由泛滥达 60 余年,此后逐渐形成新的河道,这就是黄河第二次大改道,共行河 1 037 年。

三、东汉至隋唐黄河

东汉明帝永平十三年(公元 70 年)在水利工程师王景的规划主持下,主要是将河、汴分流。筑堤自荥阳(今荥阳东北)至千乘(今山东高青县东北)海口,长 1 000 多里。对防御黄河向南泛滥起到了较好的作用,才把河流疏导成为固定的河道。

这一时期的下游河道称东汉故道,流路自今濮阳西南西汉故道的长寿津改道东流,循古漯水经今范县南,于阳谷县西与古漯水分流,经今黄河和马颊河之间,自东汉大河稳定了 700 多年。

四、宋黄河

宋前期大致维持东汉以来的河道,称京东故道。后期河道淤高,险象丛生。

宋仁宗庆历八年(1048 年)六月,大河在濮阳商胡埽决口北移,从濮阳县北经清丰、南乐、大名、馆陶、枣强、衡水、乾宁军(今青县境),于天津附近入海,这条河宋人称为"北流",这是黄河的第三次大改道,后因以水代兵人为扒口,行河仅 80 年。

此时河道的分支,除汴水畅通外,济水已经断流,湖泊大多淤塞,南岸仅有巨野泽,接纳汶水与黄河泛水南流入淮、泗。北岸有大片塘泊,大致分布在今天津东至保定西一带,拦截了易水(今海河)的 9 条支流,滹沱、葫芦、永济诸河水皆汇于塘。东西斜长 600 里(直线约 400 里),宽 50~100 里。夏有浪,冬有冰,浅不能行船,深不能涉。至北宋后期,黄河北侵,塘泊逐渐淤淀。

北宋钦宗靖康二年,汴京陷落,宋高宗政权南迁。南宋建炎二年(1128 年)开封留守杜充,为抗金兵南侵,在滑县李固渡决河,黄河南犯夺淮入黄海,由于当时战祸不断,无暇治河,这是黄河的第四次大改道,行河共 727 年。

五、金元黄河

金末元初近百年间(1209—1296 年),黄河呈自然漫流状态,没有固定流路。1234 年由杞县分为三支,以入涡一支为主流,三流并行 60 余年,至 1297 年主流北移,北支成为主流,由徐州入泗、入淮,由济宁、鱼台等地入运河、入淮。主流北移后,1297—1320 年间黄河自颍、涡北移,全由归德、徐州一线入泗、入淮。1320—1342 年间开封至归德段黄河亦北移至豫北、鲁西南。

1343—1349 年黄河连决白茅堤,水灾遍及豫东、鲁西南、皖北,洪水北侵安山入会通河夺大清河入海。1351 年贾鲁挽河回复故道,黄河流经今封丘西南,东经长垣南 30 里,东明(今东明集)南 30 里,转东南经曹县西之白茅、黄陵冈、商丘北 30 里,再东经单县南、夏邑北,再东经砀山南之韩家道口(砀山南约 40 里),又东经萧县、徐州北,至邳州循泗入淮。

1297—1397 年的百年间,以荥泽为顶点向东成扇形泛滥,主流自南向北摆约 50 年。此后自北向南摆亦 50 年。最北流路在今黄河一带,最南流路夺颍入淮。

六、明清黄河

1496—1566 年,北岸修筑太行堤,南岸大堤也得以加固,开封附近不再决溢,决溢地点下移至兰阳、考城、曹县一带。先是黄河南移入涡、入淮,后又渐北移,至徐州入运。1558 年大决曹县,水分 10 余支自徐州至鱼台散漫入鲁南运道及诸湖,运道大淤,黄淮合流段的淤积日益严重,下游河道不断淤高。同时,河口迅速延伸。

晚明万恭、潘季驯提出了以治沙为中心的治河思想,实行"以堤束水,以水攻沙"的方针。1578 年 2 月潘季驯修筑徐淮间 600 里南北大堤,使河出清口、云梯关,塞高家堰,使黄淮合流。

清咸丰五年(1855 年),黄河盛涨之际,大河在河南兰阳铜瓦厢(今兰考东坝头附近)冲开险工,造成决口,数股漫流,其中一支出东明北经濮阳、范县,至张秋穿运入大清河,于利津牡蛎嘴入海,后逐渐形成今黄河河道,这就是黄河第五次改道。黄河又复流入渤海。

决口初期,清政府正忙于镇压太平军,无力堵塞,经过了约 20 年的漫流期,清政府才劝谕各州县自筹经费,在新河两岸顺河修筑民埝,以防漫淹。咸丰十年(1860 年),张秋以东至利津筑有民埝。光绪元年(1875 年),开始修官堤,历时 10 年,新河堤防陆续建立起来。

　　1938年6月,国民政府为了阻止日军西进,扒开郑州北郊花园口黄河南堤,导致黄河夺流改道,经沙颍河、涡河入淮,泛滥豫、皖、苏三省近9年。抗战胜利后,1947年3月15日将花园口口门堵合,黄河回归故道。

第六章　历代黄河治理方略

"黄河宁,天下平",黄河改道在有史料记载的 2 000 多年里狰狞了 200 多次,从周定王五年(公元前 602 年)的首次河徙开始,或东北流入渤海,或东南注入黄海,波及范围北抵津沽,南达江淮,纵横 25 万 km²。黄河下游河道历代决口变迁,使华北平原逐渐淤高。这种阵痛般的黄河下游河道变迁,无论是对于政权的稳定,还是对于民众的生计,都堪称人力难以抵御的大患,为历代执政者所深虑。古人治理黄河的重心只能先从抵御洪水、驱除河患、保护家园着眼。这种治理的思想与实践自传说中的大禹开始。

黄河在漫长的历史时期里,在北抵天津,南达江淮的广大区域内游荡、沉积,将 50 000 多亿 t 的黄土泥沙搬移堆积在整个下游的广大区域内,华北大平原就是最大的古黄河三角洲。华夏文明的萌芽时期,生产力极其低下,人类也没有与自然抗争的能力,所以他们主要居住在黄河中游支流河谷地区和下游冲积扇的顶部,以躲避洪水,在方法上主要依靠简单的围堰保护家园,通过疏导自然河道来减少洪水的灾害。因此,原始文明时期的黄河下游还保持着游荡的特性。

农耕文明时代,人类对下游可耕作土地的需求和黄河淤积游荡特性的矛盾,使下游防洪成为主要的治理目标。几千年的治黄史实质上也是一部黄河下游的防洪史。其中固然有认识问题,也与黄河下游地区在中华文明发展史上的重要地位分不开。铁器的发明和广泛使用,人口的增加,提高了人类改造自然的能力,堤防出现并在下游防洪中发挥了巨大作用,改变了黄河的空间形态。春秋时期黄河下游已经开始修筑堤防,至战国时,两岸堤防上下多连贯在一起,以后历朝历代都进行了黄河堤防的修筑。堤防的出现使黄河自此被约束在容量有限的河槽内,改变了原来自由游荡的自然特性。

在相当长的时期内,黄河下游治理方略的主旋律是以堤防为主要手段,宽河、窄河治水为主要内容。综观黄河下游河道发育过程与人类治理活动的互动关系,黄河下游总是处于地下河—淤积—地上河—洪水—决口—改道这样一个历史过程,历史上的下游治理方略也存在着从宽河到窄河的循环交替。当河流为地下河时,人类首先选择的是宽河以削滞洪水能量,随着泥沙的不断淤积,河流成为地上河,泥沙问题逐渐突出,人类又试图通过窄河束水攻沙,延缓河槽淤积速度。但在当时的生产条件下,人类无力改造自然,黄河决口改道频繁。

一、上古时期大禹治水

大禹治水的故事流传甚广,至今已成为中华民族精神遗产不可分割的一部分。他总结以往治水失败的原因,改用"因水之流、疏川导滞、分流入海"的策略,利用水向低处流的自然趋势,疏通九河,平息水患,使人们得以"降丘择土",迁居平原,开垦土地,发展农业。大禹治水成功后,被尊立为王。虽大禹的故事已远去数千年,其治水细节已无从考证,但他留给后世的治水思想:遵循水流运动客观规律,因势利导,因地制宜,依靠人民,以艰苦卓绝和奉献忘我的精神,才能克水制胜,使后人尊称他为神禹。

二、春秋时期管仲治水

春秋时期,黄河下游日渐开发。齐国地处黄河下游,沿河平原地势低下,各种灾患以水害为大。管仲于公元前685年向齐桓公提出筑堤防洪、除害兴利之法。齐桓公采纳管仲建议并付诸实施,齐国得以富强,终成霸业。当时,沿河诸侯相继筑堤,"壅防百川,各以自利",不顾水流畅通,多转折弯曲,造成许多人为险工,危害甚大。齐桓公三十五年(公元前651年)于葵丘会集诸侯订立盟约,提出"无曲堤"的法规,要求各诸侯共同遵守,不允许修筑阻水、挑溜的弯曲堤防,损人利己。这是关于黄河下游筑堤为防较早的记载。

三、西汉时期贾让治水

由于受堤防约束,河床淤高,黄河于周定王五年(公元前602年)在黎阳宿胥口决徙,偏离禹河故道,为史载黄河第一次大改道。至战国时再度筑堤,且连贯在一起形成规模,此道行河至西汉末年,也迎来了著名的"贾让三策"。西汉时期,黄河不断在冀州境内决口为患,泛滥纵横。贾让受命对当时黄河形势作实地调查时发现,黄河筑堤以前,下游有众多小水汇入,沿河湖泽使洪水得以调蓄,河道宽阔,河水"左右游波,宽缓而不迫"。战国时,两岸筑堤,堤距尚宽,河水游荡,滩地肥美,人们耕种筑宅,遂成村落,又筑堤防自救,以致河道缩窄,堤线弯曲多变,遇大水有碍行洪,常决口为患。调查后,贾让于公元前7年上书朝廷,提出治河上、中、下三策。上策为人工改道,以治河经费用于移民,避免与水争地,"遵古圣(禹)之法",可达"河定民安,千载无患"。中策是在黄河狭窄段分水灌溉,即"多穿漕渠于冀州地,使民得以溉田,并可分杀水怒",既治了田,也治了河,可"富国安民,兴利除害,支数百岁"。下策则是在原来狭窄弯曲的河道上,加固原有不合理的堤防,即"缮完故堤,增卑倍薄",进行小修小补,其结果必然是"劳费无已,数逢其害,此最下策也"。贾让三策,揉西汉各家治黄方略之长,补各种学说之短,成为当时治河理论的最高峰。可是,贾让的上、中两策却未被采纳,只因西汉定都长安,当时黄河下游的防洪根本不能与关中地区的灌溉相提并论。又因当时西汉王朝已处于没落阶段,朝政腐败,农民起义不断,这就决定了当时即使贾让提出的是一个切实可行的治河方案,也不会得到统治阶级的重视,更不会付诸实施,枉费了一代治河先贤的几多心血。

四、东汉时期王景治水

西汉末至东汉初,有60余年黄河失治,当时黄河、济水、汴渠交败的局面愈演愈烈,要想恢复汴河通漕,必须首先治理黄河。为此,汉明帝审时度势,决心治理黄河、汴河,他于永平十二年(公元69年)春,召见王景询问黄河、汴河治理方略,并委以重任,命王景与王吴一起共同主持治理黄河、汴河工程。与贾让不同的是,王景治河得到了汉明帝的大力支持,其率卒数十万,顺汴道主流"修渠筑堤,自荥阳东至千乘(今利津)海口千余里"。在大规模的施工中,采用当时可能采用的一切技术措施,开凿山阜高地,破除旧河道中的阻水工程,修筑千里堤防,疏浚淤塞的汴渠,自上而下对黄河、汴渠进行了治理。永平十三年(公元70年),工程全部完成。王景当时治河工程项目主要是修堤,堤距间的河道相当宽阔,形成一条从上至下逐渐扩宽的喇叭形河道,堤距间有足够的面积可容纳洪水,河床淤积抬高极慢。河道所经流路,基本上符合贾让治河三策中的上策。王景此功不可没,其后数十年间,黄河水害得到平息,汴渠亦恢复了通航功能,大面积被淹耕地重焕生机。大河由濮阳以东经平原、千乘入海,出现了一个相对安流的局面。当然,这里面也有黄河于王莽始建国三年(公元 11 年)新发生改道后,河道较低的自然因素有关。

五、北宋时期任伯雨治水

王景治河后至唐代后期的 800 余年,黄河履新,决溢较少。可是到了北宋时期,黄河下游河道泥沙逐渐淤积,河道变迁加剧,决、溢、徙又现频繁。由于北宋的京城在开封,地处黄河下游,防患与统治者的利害关系紧密相连,所以宋王朝对黄河的治理相当重视,从皇帝到朝廷重臣,许多人都卷入了治河争论。北宋建中靖国元年(公元 1101 年),左正言任伯雨在奏疏中批评了北宋前期治河方针后提出"宽立堤防,约拦水势"的治河主张,符合黄河下游河道演变的自然规律,但因全面修筑堤防,工程浩大,国力不足,未能施行。然其主张却为后代所关注和实践。

六、元时期贾鲁治水

元顺帝至正四年(1344 年)夏,黄河大水,河决白茅口(今山东曹县境内),主流向东北注入运河,再南流入淮,泛滥达 7 年之久。朝廷召集各地河防官员,商议治河大事,并任贾鲁为工部尚书兼总治河防使。他采用疏(分流)、浚(浚淤)、塞(拦堵)三法并举,综合治理,使龙口很快合龙,决河绝流,故道复通,但其耗用的民力、财物也极其可观。因此,后世有诗评价贾鲁治河"贾鲁修黄河,恩多怨亦多,百年千载后,恩在怨消磨"。贾鲁当时治河兴师动众,既不考虑汛期又不顾民工死活,确实招致了不少民怨。但贾鲁能"竭其心思智计之巧,乘其精神胆气之壮,不惜劬瘁(过度劳累),不畏讥评",临危不惧,当机立断,巧用装石沉船法,一举堵合了泛滥 7 年的决口,其贡献也不可小觑。因此,在古代治河中,贾鲁不失为一个敢于战胜洪水、敢于技术创新的治河专家。至今,郑州还有条以其名字命名的河渠,足见其功可盖其过。

七、明时期潘季驯治水

明清时期,黄河下游大部分时间流经河南、山东、江苏,夺淮东流入海。其间,黄河多支并流,此淤彼决,并侵犯运河漕运。元、明、清三代均建都北京,而经济重心则在南方,南北水运就成为国家经济大动脉,治黄防洪工程必须确保大运河的畅通,堤防工程重北轻南,人为逼水南流,水患仍频繁发生。朝廷为保漕运,寻求治河之策,各种主张活跃,有分流论、北堤南分论、束水攻沙论、放淤固堤论、改道论、疏浚河口论、汰沙澄源论、沟洫治河论等。有的虽然实践,但效果不佳;有的只有议论,并无实施。唯有明代后期,潘季驯提出"束水攻沙"方案,对后世治河影响深远。通过集中水能,提高河道输沙入海的能力,从而减轻了泥沙淤积,延长了河道、堤防寿命。窄河治黄同样取得了成功。这种方略的核心,则是减少河道泥沙的淤积,提高河道过洪能力。但窄河在集中水能输沙的同时,也需要更高的堤防建设能力以抵御强度增加的洪水。潘季驯治河思想的核心是"以堤束水,以水攻沙",为此他十分重视堤防的作用,创造性地把堤防工程分为遥堤、缕堤、格堤、月堤 4种,因地制宜地在大河两岸周密布置,配合运用,并强调四防(昼防、夜防、风防、雨防)二守(官守、民守)的修防法规,进一步完善修守制度。黄河为患,根在泥沙,这是潘季驯的一个伟大发现。潘季驯第三次总理河道后,经过整治的黄河十余年间未发生大的决溢,行水较畅。在第四次总理河道时,又大筑三省长堤,把黄河两岸的大堤全都连接起来,河道基本趋于稳定,河患明显减少,扭转了河道忽东忽西没有定向的混乱局面。潘季驯不仅是"束水攻沙"方略的倡导者,也是坚持不懈的实践者,治河思想也因此大大向前推进了一步。

八、清时期靳辅等河官治水

清康熙十五年(1676 年),黄淮流域大雨,黄淮并涨,奔腾四溃。黄河在砀山以东决口21 处,黄河倒灌洪泽湖,高家堰决口 34 处,淹没淮、扬 7 个州县。黄河河道在清口以下至河口长 300 余里严重淤积,河道、运道均遭严重破坏,漕运不通已成为清政府的心腹之患。康熙皇帝由此决心治理黄河、运河,并于康熙十六年调安徽巡抚靳辅为河道总督,担任治河重任,前后达 11 年之久。靳辅是个知人善任的官吏。他任河道总督时,陈潢是其得力幕僚,凡治河之策,无不向陈潢垂询和请教。陈潢出身布衣,曾对黄河做过实地调查,到过上游宁夏一带。靳辅到任不久,便同陈潢一起遍阅黄、淮形势及冲决要害。根据实地调查,首先在清口以下至河口 300 余里的河道内,采取"疏浚筑堤"并举的措施,把河道内所挖引河之土,用以修筑两岸大堤;又在淮河出湖口处开挖 5 道引河,疏通淮水入河的通道,集中力量堵塞杨庄口门,从而使河、淮并力入海,河道畅通,运道无阻。这些工程完成后,"海口大辟,下流疏通,腹心之害已除"。早先被水淹没的土地逐渐干涸,使得下河十余万顷皆为沃土。靳辅鉴于"上流河身宽,下流河身窄"的状况,沿用潘季驯修减水坝的办法,在安徽砀山以下至睢宁间狭窄河段,因地制宜地在两岸有计划地增建许多减水坝,作异常洪水分洪之用。其治河后期,黄淮故道已次第修复,漕运大通,以前决口泛滥的灾害大为减轻,出现了清初以来少见的平稳局面。

清乾隆元年(1736 年)以后,黄河河道淤积日益严重,决溢地点亦逐渐上移。统计清初至道光三十年(1850 年)的 207 年中,虽没有大的改道,但决口年份多达 60 多年,河道大有愈决愈淤、愈淤愈决的趋势。这期间,在治河理论与方策上也有不少议论和见解,虽未被采纳,但对后世仍有较大影响。例如乾隆十八年,吏部尚书孙嘉淦提出开减河引水入大清河的主张,以防异常洪水。清道光年间,魏源认为当时的黄河河道不会维持很久,大改道已成必然趋势。他分析了当时的河势倡议,自封丘东北流于山东入海,将成为黄河的一条好去路。当时的旧河道既难以维持下去,不如人工有计划地改道为好,否则黄河就要自找去路。咸丰五年(1855 年),黄河遂于兰阳县铜瓦厢决口改道,夺大清河入海,结束了700 多年的南流夺淮之路,改走现行河道。

九、民国时期李仪祉等专家治水

1933 年,民国的黄河水利委员会成立,首任委员长是我国近代著名水利科学家李仪祉先生。李仪祉出生于陕西蒲城,早年毕业于京师大学堂,后赴德国皇家工程大学土木工程科攻读铁路、水利专业,民国四年学成回国,投身祖国水利建设。1933 年的黄河大水使下游决口数十处,洪水泛及五省,灾民数十万,李仪祉即在此危难之时走马上任。他毕其精力,统一河政,拟定各项规章,针对我国古代治河缺乏基本测验数据的实际情况,提出了科学治河主张,并亲赴黄河上、中、下游实地查勘,部署地形测量以及水文、气象测验,筹建大型水工模型实验场,筹划黄河治本治标工程。他针对我国古代两千多年治河偏重下游河道的情况进行思辨,提出治黄上、中、下游并重,防洪、航运、灌溉、水电等各项工作都应统筹兼顾的治河方针。按照李仪祉的治黄规划设想,维持黄河现有入海之道,使不致迁徙,巩固堤防,使不致溃决漫溢危害人民,目的是要尽量为洪水筹划出路,务使平顺安全宣泄入海。为此需要采取三项措施,一要疏浚河槽使之宽深,以增加泄量;二要在上、中游各支流建拦洪水库以调节水量;三要辟减水河,以减异涨。对于下游河道的整治,他认为在洪水控制前,流量变幅大,宜设复式河槽,待将来洪水得到控制,可以变为单式河槽,用以加大挟沙能力。对于险工,他提出凡治河于一处,上、下游皆受其影响而生变化,应该统筹兼顾,尤须自其最坏处着手,往好处转化,选择数处险工段先为之改正,并加以固定,成为结点,河流就易于就范。李仪祉一生对我国水利问题研究范围之广,造诣之深,鲜有所见。特别是他对黄河治理方策的探讨和研究,超出了我国清代以前治河方略只着重于下游的定式,提出了上、中、下游全面治理的主张,使治黄方略大大向前推进了一步,在治黄史上起了继往开来的重要作用。

与李仪祉同时治理黄河的还有沈怡,这位早年毕业于德国德累斯顿工业大学的归国学子,乃恩格斯教授的亲传弟子,1925 年回国,因对黄河情有独钟,与李仪祉几乎同时来到了黄河水利委员会。在此有必要提及沈怡的老师——德国教授恩格斯(1854—1945年),这位首创河工模型试验、近代河工界权威的外国老人,对世界上秉性独一无二的黄河,怀着一种近乎执着的情愫,他以研究世界历史上为害最烈的黄河为志,30 余年孜孜不倦,多次为黄河做模型试验。恩格斯(还有同时代的费礼门和方修斯)根据多年潜心研究所得,提出治河的实质乃"以水治水",均为"藉河水自然之力,以刷深河床,由此达到降低洪水位之目的"。虽然这些主张都未超出我国古代治河专家潘季驯"筑堤束水,以水攻沙"的方略范围,但恩格斯严谨的治学态度和不舍的探求精神仍为后人所敬仰。沈怡继承老师的志愿,从研究黄河史逐渐深入,认为河道的寿命与当时治河的方法有极大的关系。他推崇大禹、贾让、潘季驯等的治河方法,但又反对一味盲从古人。他主张"防""治"不可偏废,并提出"黄河之患,患在多沙,因此治河不外治沙,治沙即以治河""治河当先治下游,治下游当先治河口。治河口仍不外乎集中水势,冲刷泥沙,以水之力,治水之患。"

民国期间的第二任黄河水利委员会委员长张含英于 1941 年 8 月至 1943 年 8 月主政黄河,后又担任新中国水利部、水电部副部长等职。张含英一生情系黄河,治河论著亦甚多,尤以 1947 年所写《黄河治理纲要》代表了他重要的治黄思想。张含英一生坚持治理黄河必须全河立论,不应只就下游论下游。张含英的治河理论对后来逐渐形成的"上拦下排,两岸分滞"治河方略影响颇深。

十、新中国治水

在中国近现代,随着西方现代工业文明的传入,黄河的治理思想已经开始发生变化。

新中国成立后,毛泽东主席发出"要把黄河的事情办好"的号召,首任黄河河官王化云的水沙平衡和冲淤平衡论,是对黄河水沙规律和治理认识上的一大发展,他先后提出了"除害兴利、综合利用""宽河固堤""蓄水拦沙""上拦下排"等治黄措施。

人类治黄进入上中下游、多手段综合治理的新阶段,依靠宽河固堤、大库大坝防治洪水泥沙成为下游治理方略的核心内容。

2004年,时任黄河水利委员会主任李国英在全河工作会议上首次提出"维持黄河健康生命"的治河理念和"1493"治黄理论新框架,即:一个终极目标、四项主要标志、九条治理途径、"三条黄河"技术手段。

"维持黄河健康生命"是黄河治理开发与管理的终极目标。要使黄河为全流域及其下游沿黄地区庞大的生态系统和经济社会系统提供持续支撑,必须首先使黄河自身具有一个健康的生命。其生命力主要体现在水资源总量、洪水造床能力、水流挟沙能力、水量自净能力、河道生态维护能力等方面。"维持黄河健康生命",就要维持黄河的生命功能,这将成为黄河治理开发与管理各项工作长期奋斗的最高目标。

"四个不"是"维持黄河健康生命"的主要标志。"维持黄河健康生命"意味着必须彻底遏制整体河情不断恶化的趋势,使之恢复到一条河流应有的健康标准。衡量"黄河健康生命"的主要标志是水利部党组对黄河治理开发与管理提出的"四个不"的目标,即堤防不决口、河道不断流、污染不超标、河床不抬高。

九条关键的治理途径,即减少入黄泥沙的措施建设;流域及相关地区水资源利用的有效管理;增加黄河水资源量的外流域调水方案研究;黄河水沙调控体系建设;制定黄河下游河道科学合理的治理方略;使下游河道主槽不萎缩的水量及其过程塑造;满足降低污径比使污染不超标的水量补充要求;治理黄河河口,以尽量减少其对下游河道的反馈影响;黄河三角洲生态系统的良性维持。

"三条黄河"建设是确保各条治理途径科学有效的基本手段,即"原型黄河""数字黄河""模型黄河"。

通过库坝建设,黄河90%以上的径流区已经得到控制。黄河干流上兴建了15座水利枢纽和水电站,总库容566亿 m³,加上在建工程的库容,已超过了黄河的年均580亿 m³的径流量。黄河流域兴建的提引水工程达到3.36万处,全河干流设计引水能力超过6 000 m³/s,远远超过了黄河的正常流量。以前的黄河径流量存在年内分配不均、年际变化大等自然特性,现在通过调节趋于平均。我们今天得以顺利实施的向青岛、天津等地外流域调水、调水调沙,也来自这种对黄河水流在空间上和时间上的控制能力。

第二篇　黄河下游治理实践

　　1946 年人民治黄以来,黄河下游治理实践主要有"宽河固堤"和"上拦下排、两岸分滞"。

第七章　宽河固堤实践应用

新中国成立初期,百废待兴,当时的经济条件无力兴建大型的控制性工程。为保证黄河不决口,根据黄河下游河道上宽下窄的特点,提出了"宽河固堤"的治河方略,主要是利用河道宽度加大过流断面,滞洪错峰。

黄河下游河道是指两岸黄河大堤之间的区域范围,堤距一般宽 10 km,最宽处达 20 km。黄河下游洪水具有陡涨陡落、峰高量小的特点,宽河道具有很大的削峰作用。

宽河道行洪可以缓解河道的淤积速度,洪水漫滩后落淤,流速和挟沙能力不同程度的降低,洪水回归主河槽后,滩地和滩唇淤高,加大了嫩滩滩地和主河槽的高差,相应提高了河槽的过流能力。

20 世纪 50 年代,运用"宽河固堤"战胜了 1954 年、1957 年、1958 年的洪水。尤其是 1958 年洪水,花园口站流量 22 300 m^3/s,经宽河河道削峰后,孙口站流量 15 900 m^3/s,经东平湖分洪后,艾山站 12 600 m^3/s,确保了堤防安全。

第八章　上拦下排　两岸分滞

20 世纪 50 年代中期,国家对黄河的治理从单纯的"除害"逐步向"兴利"转变。1963 年 3 月,黄河水利委员会原主任王化云提出"在上中游拦泥蓄水,在下游防洪排沙"。20 世纪 60 年代末,总结提炼出"上拦下排,两岸分滞"防洪方略。经过 50 余年的工程建设和加固,初步形成了中游干支流水库、下游堤防工程、河道整治工程、分滞洪工程联合运用的黄河下游防洪工程体系。

黄河径流主要来自四个区域,即黄河上游兰州以上区间,黄河中游河口镇至龙门区间,龙门至三门峡区间和三门峡至花园口区间。

第一节　上拦工程措施

上拦是指在黄土高原开展水土保持,在中游干支流兴建三门峡水库、陆浑水库、故县水库、河口村水库和小浪底水利枢纽。通过水库群拦峰错峰,在黄河下游空间范围内,实施水库河道调水调沙,均衡黄河下游水沙关系;规顺河势,稳定中水河槽;冲刷河道,提升黄河河槽过流能力。

2002 年以来,根据黄河中游雨情、水情和工情,适时运用万家寨水库、三门峡水库、陆浑水库、故县水库、河口村水库、小浪底水库联合调度。

经过调水调沙实践,黄委探索出了适应黄河各种水情、沙情的调度模式,逐渐形成了一套系统的做法,既保证了黄河安澜,又实现了黄河不断流,取得了维持黄河健康生命的重大成效。

一、三门峡水利枢纽

三门峡水利枢纽是新中国成立后在黄河上兴建的第一座以防洪为主综合利用的大型水利枢纽工程。三门峡位于中条山和崤山之间,是黄河中游下段著名的峡谷。三门峡水库的北面是山西省平陆县,南面是河南省三门峡市。旧时黄河河床中有岩石岛,将黄河水分成三股息流,由西向东,北面一股处为"人门",中间一股处为"神门",南面一段处为"鬼门",故此峡称为三门峡。三门峡以西是渭河、洛河水的汇合处,两水汇合后再向东流到风陵渡入黄河,所以黄河入河南省后水流急、流量大,在旧社会经常泛滥成灾。为根治黄河水害,1957 年开始在三门峡修堤筑坝,1960 年建成著名的三门峡水利枢纽工程。水坝高 353 m,库容 162 亿 m³。枢纽总装机容量 40 万 kW,为国家大型水电企业,被誉为"万里黄河第一坝",控制流域面积 68.84 万 km²,占流域总面积的 91.5%。

三门峡水利枢纽工程控制了黄河中游北干流及泾、北洛、渭两个主要洪水来源区(河龙间和龙三间),并对三门峡至花园口区间第三个洪水来源区发生的洪水,能起到错峰和补偿调节作用,控制黄河来水量的 89% 和来沙量的 98%,将黄河上游千年一遇洪水由 37 000 m³/s 降为 8 000 m³/s。

目前,三门峡水库防洪最高运用水位 335 m,防洪库容长期保持在近 60 亿 m³。1964 年以来,三门峡以上发生 6 次入库流量大于 10 000 m³/s 的洪水,通过水库自然调节,减轻了下游防洪负担。

二、陆浑水库概况

水库控制流域面积 3 492 km²,按千年一遇洪水设计、万年一遇洪水校核,总库容 12.9 亿 m³,防洪库容约 2.5 亿 m³,拦洪库容 4.5 亿 m³。前汛期汛限水位 317.0 m,征地水位 319.5 m,移民水位 325.0 m。已开展病险水库加固处理。

陆浑水库位于河南省洛阳市嵩县田湖镇陆浑村附近,黄河二级支流伊河上,距洛阳市 67 km,控制流域面积 3 492 km²,占伊河流域面积的 57.9%。坝址位于嵩县盆地出口峡谷地段,峡谷长 500 m,峡谷上游盆地宽 3~4 km,坝址处河床宽 320 m。工程于 1959 年 12 月开始兴建,1965 年 8 月底建成。

陆浑水库坝址处多年平均年径流量 10.25 亿 m³(1951—1968 年),多年平均流量 32.5 m³/s,多年平均年输沙量约 300 万 t,平均含沙量 3.2 kg/m³,泥沙 90% 以上都集中在汛期 7~10 月,非汛期河水清澈见底。千年一遇洪峰流量 12 400 m³/s,万年一遇洪峰流量 17 100 m³/s,保坝洪水(万年一遇洪峰加 20%)洪峰流量 20 520 m³/s。陆浑水库属于大(1)型水库。

水库任务是防洪、灌溉、发电和供水。坝高 55 m,总库容 13.2 亿 m³。电站总装机 1.045 万 kW。洪水位高程分别为 327.5 m(黄海高程系)和 331.8 m,正常高水位高程 319.5 m,坝顶高程 333 m。

三、故县水库概况

故县水库位于河南省洛宁县故县镇、黄河支流洛河中游,距洛阳市 165 km。工程以防洪为主,兼有灌溉、发电、工业供水和生产饮用水等综合效益。

水库控制流域面积 5 370 km²,按千年一遇洪水设计,万年一遇洪水校核,总库容 11.7 亿 m³。防洪库容约 5 亿 m³,拦洪库容约 5.5 亿 m³。前汛期汛限水位 527.3 m,相应库容 5.2 亿 m³;后汛期汛限水位 534.3 m,相应库容 6.4 亿 m³。水库征地水位 534.8 m,移民水位 544.2 m。

水库建筑物由拦河坝、电站厂房及附设坝体内的泄水孔道所组成。1958 年首次开工,于 1978 年再次复工,1980 年截流,1994 年水库投入运用。故县水库属深水峡谷型水库,水质清新,无污染,悬浮物少,达到国际二级饮用水标准。

拦河坝为混凝土实体重力坝,最大坝高 125 m,总库容 11.75 亿 m³,坝顶高程 553 m(大沽高程系),坝顶宽 9 m,坝顶长 315 m。

四、河口村水库

河口村水库位于济源市克井镇境内,黄河一级支流沁河最后一段峡谷出口处,在五龙口水文站上游 9 km。水库控制流域面积约 9 223 km²,占沁河流域面积的 68.2%。五百年一遇设计洪水位、两千年一遇校核洪水位和防洪高水位均为285.43 m,相应库容3.17亿 m³,正常蓄水位275.0 m。前汛期汛限水位238.0 m,相应库容0.86亿 m³;防洪库容约2.3亿 m³。后汛期汛限水位和正常蓄水位275.0 m,相应库容2.51亿 m³。该水库的运用可将沁河下游武陟站4 000 m³/s的防洪标准从25年一遇提高到100年一遇。

五、小浪底水利枢纽工程

小浪底水利枢纽位于河南省洛阳市孟津县与济源市之间,南距洛阳市40 km的黄河干流上。上距三门峡水利枢纽下游130 km、下距郑州花园口115 km,小浪底水库两岸分别为秦岭山系的崤山、韶山和邙山,中条山系、太行山系的王屋山。水库库区全长130 km,面积达272.3 km²,控制流域面积69.4万 km²,占黄河流域面积的92.3%。坝址所在地南岸为孟津县小浪底村,北岸为济源市蓼坞村,是黄河中游最后一段峡谷的出口,是黄河干流三门峡以下唯一能取得较大库容的控制性工程。小浪底水利枢纽工程的开发目标是以防洪、防凌、减淤为主,兼顾供水、灌溉和发电等。

小浪底水利枢纽工程于1994年9月主体工程开工,1997年10月28日实现大河截流,1999年底第一台机组发电,2001年12月31日全部竣工。它的建成有效地控制了黄河洪水,可使黄河下游花园口的防洪标准由60年一遇提高到千年一遇,基本解除黄河下游凌汛的威胁,减缓下游河道的淤积,小浪底水库还可以利用其长期有效库容调节非汛期径流,增加水量用于城市及工业供水、灌溉和发电。它处在承上启下控制下游水沙的关键部位,控制黄河输沙量的100%,可滞拦泥沙78亿 t,相当于20年下游河床不淤积抬高,是治理开发黄河的关键性工程。

小浪底工程由拦河大坝、泄洪建筑物和引水发电系统组成。拦河大坝采用斜心墙堆石坝,设计最大坝高154 m,坝顶长1 667 m,坝顶宽15 m,坝底最大宽度为864 m。小浪底水利枢纽坝顶高程281 m,正常高水位275 m,水库总库容126.5亿 m³,淤沙库容75.5亿 m³,调水调沙库容10.5亿 m³,长期有效库容51亿 m³,千年一遇设计洪水蓄洪量38.2亿 m³,万年一遇校核洪水蓄洪量40.5亿 m³。死水位230 m,汛期防洪限制水位254 m,防凌限制水位266 m。防洪最大泄量17 000 m³/s,正常死水位泄量略大于8 000 m³/s。总装机容量为180万 kW,年平均发电量51亿 kW·h;每年可增加40亿 m³的供水量。水库呈东西带状,长约130 km,上段较窄,下段较宽,平均宽度2 km,属峡谷河道型水库。坝址处多年平均流量1 327 m³/s,输沙量16亿 t,该坝建成后可控制全河流域面积的92.3%。

小浪底水利枢纽工程与已建的三门峡水库、陆浑水库、故县水库联合运用,并利用东平湖分洪,可使黄河下游防洪标准提高到千年一遇。千年一遇以下洪水不再使用北金堤滞洪区,减轻常遇洪水的防洪负担。与三门峡水库联合运用,共同调蓄凌汛期水量,可基本解除黄河下游凌汛威胁。但黄河小浪底至花园口区间还有约1.8万 km²无工程控制,100年一遇洪水为14 700 m³/s,黄河下游仍有发生大洪水的可能。

此外,修建了黄河小浪底水利枢纽工程的配套工程西霞院水利枢纽,西霞院水利枢纽位于黄河干流中游的河南省境内,坝址左、右岸分别为洛阳市的吉利区和孟津县。上距小浪底工程16 km,下距郑州市145 km。西霞院水利枢纽工程主体工程于2003年10月开工,总工期4.5年,2011年工程通过国家竣工验收,坝轴线全长3 122 m,竣工时是黄河上最长的大坝。

西霞院水利枢纽工程的功能以反调节为主,结合发电,兼顾供水、灌溉等综合利用,在将小浪底水库下泄的不稳定水流变成稳定水流,保证黄河河道不断流的同时,还从根本上消除了小浪底水电站调峰对下游河道的不利影响,对生态、环境保护和工农业生产用水有着至关重要的作用。该工程每年可提供发电量 5.83 亿 kW·h,为下游增加灌溉面积113.8 万亩,同时向附近城镇供水 1 亿 m³。

第二节　下排工程措施

下排是指对黄河下游大堤进行加高培厚,自下而上开展河道整治,对河口进行治理,将洪水泥沙排泄入海。下排工程主要有黄河两岸大堤及河道整治工程。

由于河床的冲淤变化,尽管流量没有改变,但每年的设计水位都不相同,有升有降,但总体趋势为抬升。由于河道的削峰作用,黄河下游各水文站的设防流量相应减小,因艾山以下河道窄,又无较大支流汇入,设防流量相同。花园口水文站设防流量为 22 000 m³/s,夹河滩水文站设防流量为 21 500 m³/s,高村水文站设防流量为 20 000 m³/s,孙口水文站设防流量为 17 500 m³/s,艾山水文站设防流量为 11 000 m³/s,泺口水文站设防流量为11 000 m³/s,利津水文站设防流量为 11 000 m³/s。黄河下游的防洪工程就是按照各水文站的设防流量设计的。黄河由于含沙量大,淤积严重,防洪工程会自行降低防洪标准,因此每隔数年都需加高改建一次。

一、黄河下游堤防工程

(一)堤防工程基本情况

黄河下游各类堤防总长度为 2 268 km。其中,黄河下游临黄堤是抵御洪水的主要屏障,总长 1 370.677 km(左右岸);黄河下游分滞洪区及沁河、大清河等支流直管重要河段堤防长度为 509 km;还有河口堤防 124 km 及由于历史变迁遗留下来仍由河务部门管辖的各类堤防长约 264 km,其中主要有废南金堤 85 km,废北金堤 89 km。

黄河下游左岸临黄大堤长 747 km,上段自河南孟州中曹坡,经孟州、武陟、原阳至封丘鹅湾村,长 171.05 km;贯孟堤自封丘鹅湾村至封丘县吴堂,长 9.32 km。中段自长垣大车集经濮阳、范县、台前至山东阳谷县陶城铺,长 194.5 km;太行堤自长垣大车集至长垣县苏庄东,长 22 km。下段自陶城铺经东阿、齐河、历城、济阳、惠民、滨州至利津四段村,长 350.1 km。

黄河下游右岸临黄大堤长 623.7 km,上段孟津堤防,自牛庄至和家庙,长 7.6 km;中段自郑州邙山东端经中牟、开封于兰考四明堂入山东境,经东明、菏泽、鄄城、郓城至梁山国那里,长 340.2 km;下段自济南宋庄起,经天桥、历城、章丘、邹平、高青、滨州、博兴、东营至垦利二十一户村,长 256.6 km;此外,梁山国那里至济南宋庄之间,还有山口隔堤和河湖两用堤 19.3 km。

(二)堤防工程级别划分

堤防工程级别划分见表 8-1。

表 8-1　堤防工程级别划分

防洪标准(重现期年)	≥100	<100 且≥50	<50 且≥30	<30 且≥20	<20 且≥10
堤防工程的级别	1	2	3	4	5

(三)堤防工程设防标准

1958 年 7 月 17 日,黄河花园口站发生了 22 300 m³/s 的洪峰流量,该次洪水是 1919 年有实测资料以来最大的一次。目前,黄河下游防洪就是以郑州花园口站流量 22 000 m³/s 作为设防标准的。

(四)堤防工程设计标准

在山东省东阿县陶城铺以下大堤,按防 11 000 m³/s 洪水设计。堤顶高程按设计洪水位加堤顶超高确定。堤顶超高由波浪爬高、风壅水面高及安全加高组成。在黄河的历次堤防设计中,未计及风壅水面高。大堤超出设计洪水的高度,是根据各河段的河宽及风速计算出风浪高度,再加安全超高 1 m。高村以下至艾山为 2.5 m;艾山以下为 2.1 m。考虑到渠村分洪闸以上要通过超标准洪水,沁河口至高村河段堤顶超高为 3 m。堤防断面按稳定分析与经验相结合拟定,除满足稳定要求外,并考虑防汛备料和交通运输,在山东省艾山以上,堤顶宽为 9~12 m,临背河边坡均为 1:3;艾山以下堤顶宽为 7~11 m,临河边坡为 1:2.5,背河为 1:3。

黄河下游临黄堤的浸润线从临河水位开始,险工段通常采用 1:10 的比降,平工段采用 1:8 的比降。如满足不了渗透稳定要求,采取修筑后戗、淤背加固等措施,使浸润线在背河堤坡不出逸。修筑后戗是早期黄河下游堤防加固的一种方法,通常在堤后修筑顶宽 5~10 m、边坡 1:5 的戗台,较低的堤防只修一级,较高的堤防修二至三级,后戗可延长浸润线的长度,降低浸润线的比降和出逸比降,直至使浸润线在背河坡不出逸,提高渗流稳定性。

黄河下游防洪工程建设"三制"改革后,黄河下游的堤防加固广泛采用放淤固堤,放淤固堤在提高堤防的渗透稳定、静力稳定和动力稳定三方面起到显著的作用。淤背的宽度,平工段为 30~50 m,险工堤段为 50~100 m,淤背后浸润线不再在背河堤坡出逸,满足稳定要求。

经过"十五"投资建设,黄河下游干流堤防高度不足问题已得到解决,堤顶高度全部达到 2 000 年一遇洪水设防标准。2 000 年一遇洪水设防标准是在小浪底工程投入使用之前计算的,由于小浪底工程投入使用后拦截了部分中游来沙,黄河下游河床淤积抬高速度减缓,这一标准实际高于目前测算的 2010 年设防标准。这就意味着目前的堤防高度至少可以满足 2010 年以前黄河下游的防洪要求。

二、黄河下游河道整治工程

(一)河道整治工程概况

为了控制河势、护滩保村、以弯导溜,防止主溜冲刷大堤,黄河下游修建了大量险工和控导护滩工程。河道整治工程包括险工和控导工程。截至 2015 年底,黄河下游临黄堤有险工 147 处,坝岸 5 413 道,工程长 334 km;控导工程 233 处,坝垛 5 112 道,工程长

483 km。

险工是堤防的一部分,是在经常靠水的堤段,为了防御水流冲刷堤身,依托大堤修建的防护工程。

控导工程是为约束主溜摆动范围、护滩保堤,控导主溜沿设计治导线下泄,在凹岸一侧的滩岸上按设计的工程位置线修建的丁坝、垛、护岸工程。黄河下游仅在治导线的一岸修筑控导工程,另一岸为滩地,以利排洪。

险工重在防护堤防,但也起控导河势的作用;控导工程旨在控导河势,并起到保护滩地、村庄的作用,进而保护堤防的安全。

黄河下游河道工程建筑物基本形式主要有丁坝、垛和护岸。

丁坝:从堤身或河岸伸出,在平面上与堤或河岸线构成丁字形的坝。有挑移主溜,保护岸、滩的作用。丁坝一般成组布设,可以根据需要等距或不等距布置。丁坝坝长与间距的比值,一般凹岸为1~2.5,平顺段为2~4。

垛:轴线长度为10~30 m的短丁坝,作用是迎托水溜,削减水势,保护岸、滩。垛平面形式分为人字、月牙、磨盘、鱼鳞、雁翅等。坝垛之间中心距一般为50~100 m。

护岸:沿堤线或坝岸所修筑的防护工程,起防止正溜、回溜及风浪对堤防冲刷的作用。护岸工程是将抗冲材料直接铺护在河岸坡面上,也可布置在丁坝或坝垛之间防止顺溜或回溜淘刷。

(二)河道整治工程设计标准

黄河下游控导工程顶部高程陶城铺以上河段为整治流量4 000 m³/s相应水位加1 m超高控制;陶城铺以下河段控导工程顶部高程比附近滩面高0.5 m。

险工由土坝基、黏土坝胎、坦石、根石组成,土坝体顶宽采用12~15 m,土坝基护坡1:2,裹护段边坡1:1.5。土坝基与坦石之间设水平宽1 m的黏土坝胎,主要作用是防止河水、渗水、雨水的冲刷或渗透破坏。为增加坝身稳定性,设有根石台,顶宽2 m,根石边坡1:1.5。

控导由土坝基、黏土坝胎、石护坡组成。控导工程设计时大多没有根石台,根基靠多年抢险修筑。

控导工程失去抢险条件时一般要撤守。险工与堤防连为一体,顶高程比堤防低1 m,其防洪标准同堤防,在各个流量级下都要防守。

河道整治工程坝垛断面部位见图8-1。

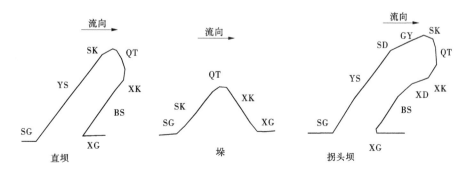

图8-1　河道整治工程坝垛断面部位

第三节　两岸分滞措施

一、北金堤滞洪区

(一)基本情况

北金堤滞洪区为防御黄河下游花园口 22 000 m³/s 以上超标准洪水时才使用的分洪工程。设计滞洪面积 2 316 km²,可分滞黄河洪水 20 亿 m³。滞洪区内有耕地 226 万亩,人口约 170 万人,分洪时需紧急迁移 89 万人,运用难度大。

黄河素有"铜头、铁尾、豆腐腰"之称,铜头是指中游河段,高山峡谷是束水的天然屏障。铁尾是指艾山以下较稳定的河段,所剩均称"豆腐腰"。此段自河南孟津以下,河道渐宽,到河南兰考东坝头始复又渐下渐窄。山东坝头以上堤距一般为 14~20 km,山东坝头以下堤距缩至 1~5 km,到了艾山以下平均河宽已不足 1 km,最窄处仅几百米。山东坝头以下洪水不能顺畅下泄。1951 年,平原省黄河河务局根据当时的河道实测断面排洪能力计算出的各河段河道所能承泄的安全泄量为:花园口站 20 000 m³/s,夹河滩站 18 700 m³/s,高村站 12 000 m³/s,艾山站 9 000 m³/s,而当时则是以防御河南省陕州站(今三门峡)流量 18 000 m³/s 为目标。据史料记载计算,历史上超过这个设防标准的大洪水出现的机遇不足 50 年一遇,如以 1933 年河南省陕州站 23 000 m³/s 洪水相应水位进行推演,河南长垣县石头庄以上堤防尚高于或平于此水位,而河南石头庄以下堤防高度低于洪水位,溢决威胁十分严峻。可以看出,由于艾山泄量所限和超标准洪水的存在,单纯依靠两岸堤防难以确保下游防洪安全。因此,必须在防御设施方面,为超出安全标准的洪水寻找安全出路。1951 年,经过有关平原省黄河河务局专家的反复论证、比较,选定在河南长垣石头庄一带向堤外分洪,后经政务院批准,建立了平原省北金堤滞洪区。

北金堤滞洪区淹没范围涉及河南省新乡市的长垣、安阳市的滑县东半部,濮阳市的濮阳县、范县、台前县临黄堤与北金堤之间全部金堤河以南地区,山东省聊城市的莘县、阳谷县北金堤以南地区。全区西南至东北,上宽下窄,状如羊角,总面积 2 316 km²。

(二)建设过程

北金堤滞洪区开辟后,经历了停止使用、恢复使用和改建三个阶段。

1959 年,黄河几处大中型水库相继动工,下游也兴修拦河枢纽工程,大搞河道梯级开发,一部分人认为有大中型水库拦蓄和河道梯级开发,可使下游花园口站 22 000 m³/s 洪水的标准减至 6 000 m³/s,滞洪已没必要,北金堤滞洪区放弃使用。

1963 年,海河流域特大洪水使人们重新意识到,河南省三门峡水库不能控制它以下的雨区,而三门峡至花园口之间受雨区产流较大,下游河道仍有超标准洪水发生的可能,滞洪的必要性仍然存在。同年 11 月,国务院《关于河南省黄河下游防洪问题的几项决定》中明确指出:当花园口发生超过 22 000 m³/s 的洪峰时,应利用河南长垣县石头庄溢洪堰或者河南的其他地点,向北金堤滞洪区分滞洪水,以控制到孙口的流量最多不超过 17 000 m³/s 左右。1964 年,黄河水利委员会向水电部提交了《关于将山东省范县寿张两县金堤以南部分地区调整给河南省的请示》和《关于建设北金堤滞洪工程设施的报告》并很快得到批准,从1964年11月开始,北金堤滞洪区恢复使用。

1975年8月,淮河流域发生特大暴雨洪水后,黄河水利委员会经过暴雨洪水移置和综合分析后认为,在利用三门峡水库控制上游来水后,花园口站仍可能出现46 000 m³/s的洪水。因此,河南、山东两省和水电部联合向国务院提出《关于防御黄河下游特大洪水的报告》,提出:新建河南濮阳县渠村和山东范县邢庙两座分洪闸,废除河南石头庄溢洪堰并加高加固北金堤,分洪闸规模分别为10 000 m³/s和4 000 m³/s左右。后经专家论证,建立渠村分洪闸,分洪流量为10 000 m³/s并于1976年开始实施。

(三)运用原则

渠村分洪闸是当黄河花园口站出现22 000 m³/s以上特大洪水时,向北金堤滞洪区分滞洪水的大型水利工程,为国家级一级建筑物,设计分洪流量为10 000 m³/s,工程总宽209.5 m,上下游全长749 m,共分56孔,整个工程规模宏大,雄伟壮观,有亚洲第一分洪闸美誉。

小浪底水利枢纽的建成运用可以提高下游的防洪标准,使滞洪区的运用概率大大降低。但下游的防洪问题还远远没有解决,这是因为小浪底水利枢纽对三花间下大型洪水的控制面积只占14%,还有1.8万 km²的流域面积得不到控制,而这一区域也是黄河的主要暴雨区之一。据分析计算,小浪底水库运用后,黄河下游千年一遇洪水,花园口站洪峰流量仍达22 600 m³/s,一旦出现,北金堤滞洪区仍有运用的可能。

二、东平湖蓄滞洪区

(一)基本情况

东平湖蓄滞洪区是1958年经国务院批准兴建的中央直属水库,东平湖属山东省第二大淡水湖,位于黄河右岸,湖区分属泰安、济宁两市的东平、梁山、汶上三县的18个乡(镇),属黄河与汶河冲积平原相交的洼地。该工程承担分滞黄河洪水和接纳大汶河来水的双重任务,是黄河下游重要的分滞洪工程。上距桃花峪357 km,下距入海口429 km,是黄河下游宽河道与窄河道的过渡段,东通大清河,西连黄河,分洪能力8 500 m³/s。东平湖的运用可以使进入山东窄河段10 000 m³/s以上的超防洪标准从30年一遇提高到近1 000年一遇。

东平湖滞洪区总面积626 km²,总库容30.78亿 m³,分新、老湖两级运用,由二级湖堤分隔成新、老两个湖区。

老湖区面积208 km²[全在东平行政区内,包括商老庄、老湖、新湖、州城、戴庙镇、银山镇、斑鸠店镇、旧县乡8乡(镇)],防洪运用水位44.5 m,库容9.18亿 m³。东平湖老湖警戒水位43.0 m,汛限水位7—8月42.0 m,9—10月43.0 m。

新湖区面积418 km²[其中梁山辖区涉及小安山镇、馆驿镇、韩岗镇、小路口镇、拳铺镇、梁山街道、寿张集镇、水泊街道、大路口乡9个乡(镇);东平辖区涉及戴庙镇、新湖、商老庄、州城、沙河站5个乡(镇);汶上管理局辖区涉及郭楼镇张坝口村、王楼、北坝、侯仓4个自然村],防洪运用水位44.5 m,库容21.6亿 m³。

东平湖滞洪区防洪任务是:有计划地分滞黄河、大汶河洪水,控制艾山站下泄流量不超过10 000 m³/s。东平湖滞洪运用水位为44.5 m,同时做好特殊情况下老湖46.0 m水位运用准备。做到"分得进,守得住,排得出,群众保安全"。

大汶河下游的防洪任务为:防御戴村坝站 7 000 m³/s 的洪水,遇超标准洪水,确保南堤安全。

东平湖防洪运用原则:根据黄河、汶河洪水的峰、量情况,充分发挥老湖滞洪能力,尽量不用新湖。当老湖不能满足分滞洪要求,需新、老湖并用时,应先用新湖分滞黄河洪水,以减少老湖淤积。

(二)建设过程

东平湖有着悠久的历史。公元前 4 世纪的地理名著《禹贡》里就有了"大野泽"的记载。现在的东平湖是大野泽的一部分。东平湖曾与济水和汶、泗水相接,宋代后,逐渐形成了以梁山为主要标志的巨大湖泊。1855 年黄河于铜瓦厢决口走现行河道后,东平湖便与黄河、大清河(大汶河戴村坝以下河道原称大清河)息息相通,河水涨、湖水高,河水落、湖水退,成为黄河与大汶河下游的自然滞洪区。历史上曾有过的"南四湖""北五湖",东平湖即是"北五湖"中仅存的一个天然湖泊。

自 1946 年人民治黄以来,党和政府为了除害兴利,把东平湖建设成为黄河上一个比较完整的防洪工程。1958 年,随着黄河四十六个梯级开发之一位山枢纽工程的兴建,为了提高东平湖的蓄洪能力,发挥防洪、防凌、灌溉、航运、发电、渔业等综合效益,经国务院批准,山东省委决定提前修建东平湖水库。从 1958 年 8 月至 1960 年 7 月,先后调集 6 个地市 28 个县的民工和 2 个师的部队,共计 30 多万人抢修东平湖工程。水库建成后,使湖河分家,将原来的滞洪区面积由 943 km² 缩小为 632 km²,蓄洪能力由原来的 33 亿 m³ 提高为 40 亿 m³。但是,经过 1960 年试蓄水,工程上问题很多,加之原有工程不配套,位山枢纽工程废弃下马。后由于黄河河床抬高等原因,相应对水库进行了改建、加固和调整。水库运用原则由原定的综合利用调整为近期以防洪为主,"有洪蓄洪,无洪生产";分洪运用标准由原定的蓄洪水位 44.72 m、相应库容 40 亿 m³ 调整为保证水位 42.72 m(争取 43.22 m)、相应库容 27.31 亿~30.42 亿 m³;修(改)建了进出湖闸和二级湖堤,控制二级运用;对部分围坝基础和坝身进行了加固处理;湖区内兴建了农田排灌工程和避水撤退用的村台、公路。

2002 年以来,国务院先后批复《黄河近期重点治理开发规划》《全国蓄滞洪区建设与管理规划》《黄河流域防洪规划》《黄河流域综合规划》,明确设置东平湖蓄滞洪区为重要蓄滞洪区,承担分滞黄河洪水和接纳大汶河来水功能,并对东平湖滞洪区进行了一系列防洪工程建设,建立起较为完善的管理体制和运行机制。

(三)体系建设

东平湖防洪工程包括围坝、二级湖堤和分泄洪闸等。要求"分得进,守得住,排得出,群众保安全"。

1.堤防工程

堤防长 127.232 km。其中围坝长 100.501 km(含河、湖两用堤 8 段 14.13 km),堤防级别一级,设防水位 43.72 m,设计顶宽 10 m,顶高程 47.22 m,临湖边坡 1:3.0,背湖边坡 1:2.5,临湖侧修有格宾石笼和混凝土联锁块护坡。二级湖堤长 26.731 km,四级堤防,设防水位 44.72 m,设计顶宽 6 m,顶高程 46.72 m,临湖、背湖边坡均为 1:2.5,临老湖侧修有混凝土栅栏板或干砌石护坡。

2. 分洪工程

分洪闸 3 座,设计总分洪流量 8 500 m³/s。其中石洼分洪闸向新湖区分洪,设计流量 5 000 m³/s;林辛分洪闸向老湖分洪,设计流量 1 500 m³/s;十里堡分洪闸向老湖区分洪,设计流量 2 000 m³/s。

3. 排水工程

出湖闸、退水闸 3 座,设计总泄水流量 3 500 m³/s。其中陈山口、清河门出湖闸北排泄水入黄河,设计流量分别为 1 200 m³/s、1 300 m³/s;司垓退水闸南排泄水经梁济运河入南四湖,设计泄水流量 1 000 m³/s。

防洪节制闸 2 座。二级湖堤 15+086 处建有八里湾泄洪闸 1 座,连通新、老湖,向老湖泄洪,协调新、老湖联合运用,设计泄水流量 450 m³/s;出湖河道入黄口建有庞口防倒灌闸 1 座,防止黄河倒灌淤积出湖河道,设计泄水流量 900 m³/s。为了发展湖区农业生产,在湖堤上修建了码头泄水闸、流长河泄水闸、马山头排水涵洞、宋金河排灌闸、刘口排灌站、辘轳吊排灌闸、马口排水闸、卧牛排水涵洞、堂子排灌涵洞等 9 座灌溉和排涝闸(站),为湖区和沿湖河地区的农业生产创造了较好的条件。

南水北调东线和京杭运河复航工程水(船)闸。包括八里湾泵站、八里湾船闸、邓楼泵站、邓楼船闸、济平干渠、陈山口渠首闸、魏河调水闸、杨窑穿堤涵洞、子路堤南水北调穿堤涵管。

4. 撤退避水工程

为了确保分洪时湖区群众能够安全避洪和迁移,在湖区内修筑了避水村台 159 个(新湖区 141 个、老湖区 18 个),村台高程大部分在 43.22~45.72 m,其中多数为 44.22 m。截至 2021 年共修筑了沥青、混凝土公路 342.5 km,形成了纵横连接的撤退公路网络。

第九章　黄河下游治理前景展望

黄河是中华民族的母亲河,是我国重要的生态屏障和重要的经济区域。新中国成立以来,党中央、国务院高度重视黄河流域治理和开发。党的十八大以来,习近平总书记高度重视黄河流域治理,多次实地考察黄河流域生态保护和发展情况。2019年9月18日,习近平总书记在郑州主持召开黄河流域生态保护和高质量发展座谈会,黄河流域生态保护和高质量发展上升为重大国家战略。

一、黄河下游治理现状

黄河下游是防洪最重要的河段,中游已建成三门峡、小浪底、陆浑、故县、河口村等干支流控制性水库,同时4次加高培厚下游两岸黄河大堤,完成了标准化堤防工程建设,开展了河道整治工程建设,完成了东平湖滞洪区防洪工程建设,明确了北金堤滞洪区为保留滞洪区,基本建成了"上拦下排、两岸分滞"的下游防洪工程体系。

现状三门峡、小浪底、陆浑、故县、河口村水库总防洪库容147.3亿 m³,至小浪底水库正常运用期,总防洪库容约106亿 m³,5座水库联合运用可将黄河下游花园口百年一遇洪水由29 200 m³/s削减至15 700 m³/s、千年一遇洪水由42 300 m³/s削减至22 600 m³/s,接近下游(花园口断面)大堤的设防流量;下游标准化堤防建设基本完成,长度1371.1 km,使艾山以上河段防洪标准达到近千年一遇;下游有险工147处(总长度334.3 km)、控导护滩工程234处(总长度494.9 km),可使大部分河势得到基本控制;下游有滞洪区2处,东平湖滞洪区为重点滞洪区(可分滞黄河洪量17.5亿 m³),北金堤滞洪区为保留滞洪区(可分滞黄河洪量20.0亿 m³)。

二、黄河下游治理展望

2021年10月8日,中共中央、国务院正式印发并向全社会公开发布《黄河流域生态保护和高质量发展规划纲要》(简称《规划纲要》)。水利部、黄委、山东省政府都把黄河流域生态保护和高质量发展摆在极为重要位置,并相继出台指导意见、实施方案、行动方案、决定等,进行系统谋划、整体部署、专题安排,各级正以走深走实的措施全面保障《规划纲要》落实。

(1)持续建设完善黄河下游防洪工程体系,着力提升黄河防洪能力。

实施下游河道综合治理,完善并利用两岸标准化堤防,约束大洪水和特大洪水,确保堤防不决口。全面完成下游险工改建加固,提高堤防工程抗险能力。实施控导工程续建和加固,进一步规顺河势,逐步塑造相对窄深的稳定主槽,恢复和维持主槽过流能力。实施河口段治理,完成堤防加固、完善控导工程建设,基本解决河口防洪问题。

推进蓄滞洪区安全建设,确保滞洪区分洪功能。实施东平湖滞洪区综合治理工程,提高湖区群众防洪避险能力,修建分洪入湖河道,完善外迁安置、就地避洪、撤退道路等安全措施建设,实施南排和北排工程建设,改建加固病险涵闸,实现"分得进、蓄得住、排得出",统筹解决滞洪区群众生产生活及发展问题。

(2)持续推进"智慧黄河"建设,着力提升黄河治理信息化水平。

依靠现代信息科技和通信技术,利用视频监控、无人机、视频会议系统,构建天、空、地、河一体化信息感知网,搭建多场景数字孪生平台,建立点线面不同精度搭配的数字孪生模型,构建基于遥感、视频、无人机等人工智能识别模型,不断提升河湖"四乱"问题、河势变化、水利工程运行和安全监测等自动识别准确率。研发洪水演进、防洪调度、工程安防等多模块数字孪生场景应用和治黄业务应用,实现水情态势全面感知、突发事件及时预警和智能化指挥调度,支撑场景数字化、模拟精准化、决策智慧化,不断提升黄河治理信息化水平。

(3)持续构建跨省区协调沟通长效机制,着力形成流域省区一体化发展新局面。

以流域省区一体化发展为主线,以达成省区间共识、增进省区间互信、拓展省区间务实合作为关键,最大可能消除省区间利益纠葛,搭建跨省区常态化生态保护治理协调沟通机制,构建省区间合作论坛、联席会议和会商制度,共同谋划实施生态保护修复与治理项目,有效实现行政区间、上下游、左右岸、干支流的系统谋划,统筹推进和全面治理,充分挖掘合作共赢潜力,最终形成流域综合治理保护新局面。

第三篇　防汛工作运行管理

第十章 汛前运行管理工作

汛前运行管理工作包括汛前隐患排查、防汛指挥机构、防汛责任制度、防汛队伍落实、防汛料物落实、防汛机械预置、通信网络保障、"四预"措施落实、防汛技术培训等。

第一节 汛前隐患排查

汛前隐患排查的目的是发现问题、消除隐患,确保防洪工程设施安全运行。汛前,各级防汛指挥部要及早发出通知,对各级各部门汛前大检查工作提出具体要求,自上而下组织汛前大检查,发现影响防汛安全的问题,责成责任单位在规定的期限内处理,不得贻误防汛抗洪工作。

一、防汛指挥部检查内容

水利防洪工程建设进展情况;水毁工程修复情况;防汛抢险队伍的组建与抢险技术培训情况;防汛思想准备及工作部署情况;防汛信息系统、通信、水文设施的运行情况;防洪工程出险加固情况;各类防汛物资器材储备及防汛除险资金落实情况;各类防汛预案的修订情况;在建水利工程安全度汛预案的制订情况;水文测报及通信预警设施运行情况;同时,水行政主管部门组织的工程普查、河势查勘、根石探测、重点防守部位检查等情况。

二、河务部门检查内容

(一)汛前工程普查

汛前工程普查大致安排在每年 2 月中下旬,水管单位抽调防汛办公室、水政科、工管科、养护分公司、管理段工作人员组成工程普查小组,按照不放过一个"死角"、不漏掉一个险点的原则,对堤防、险工、控导、涵闸等工程进行"徒步拉网式"的普查。堤防工程普查重点主要包括堤身裂缝、动物洞穴、水沟浪窝、陷坑天井、残缺土方、违章建筑、石护坡、排水沟等内容。险工及控导工程主要查裂缝、动物洞穴、水沟浪窝、陷坑天井、残缺土方、坦石(坡)缺损、排水沟损坏、沿子石脱落、备防石塌方等基本情况。

普查人员按照分工详细记录普查中发现的问题,由防汛办公室负责对普查成果进行整理汇总,形成汛前工程安全普查报告上报。汛前工程安全普查报告包括普查的内容和方法、工程存在的问题、处理意见及建议、相关附表等。水管单位根据普查中发现的问题拟订整改方案,对工程隐患进行修复,及时消除工程隐患,确保工程完整和抗洪强度。

(二)堤防隐患探测

1. 探测方法

堤防隐患探测由水管单位委托有隐患探测资质的第三方机构进行,每年 10 月底前完成。要求每年按照堤防长度的 10% 进行隐患探测,每 10 年须对全部堤防探测一次。堤防隐患探测内容包括堤身堤基的洞穴、裂缝、松散体、渗水以及护坡脱空、土石结合部渗漏等。堤防隐患探测测线布置应从上界桩号自上而下顺堤布设。测线间距一般采用 3~4 m,险工和薄弱堤段不少于 3 条;点距 2 m 为宜。堤防隐患详探时,测线布置要与隐患走向垂直,应适当加密测线。

2. 探测成果

每次探测需提供堤防隐患探测报告。堤防隐患探测报告应包括下列内容:

(1)探测基本情况:探测时间、探测位置(桩号)、探测目的、探测过程、探测队伍以及环境条件等。

(2)探测方法与仪器:隐患类型、探测方法、探测仪器(含参数设置)以及测线布置等。

(3)结果与分析:典型剖面成果图,与上次探测结果比较分析隐患变化情况,对异常变化的原因分析。

(4)探测结论与建议:对探测工作的整体评价,隐患变化情况及处理意见。

水管单位根据堤防隐患探测报告拟定加固措施,对堤身裂缝大多采用压力灌浆进行加固。

(三)河势查勘

每年 3 月下旬,防办组织人员对辖区河段河势进行查勘,对重点坝岸的靠水着溜情况、河势变化情况、河槽淤积情况、重点河段的滩地变化情况、对岸相关防洪工程情况进行查勘。在查勘过程中,对河宽、坝岸着溜、河势变化、滩岸坍塌等情况进行了详细观测、记录,并在 1∶50 000 的河道图上进行了现场标绘。同时提出河道治理建议和工程防守重点与防守意见。

(四)非汛期根石探测

1. 探测方法

每年汛后至次年汛前进行,原则上应对所有靠河坝垛护岸进行探测。每年汛后,水管单位委托有根石探测资质的第三方机构进行根石探测。

长期以来,根石探测技术一直是困扰黄河下游防洪工程安全的重大难题之一,解决根石探测技术问题,及时掌握根石的分布情况,对减少河道整治工程出险、保证防洪安全至关重要。几十年来,水下根石状况经历了人工探摸杆探测、探摸杆与探测船结合探测和浅地层剖面仪三个阶段,人工探摸杆探测范围小、速度慢、难度大、精度低,探测人员存在很大的安全隐患,探摸杆与探摸船结合探测受洪水流速的影响,船只稳定不下来,探测杆斜度大,探测精度低,难以满足防洪安全需要。

目前,黄河下游河道工程根石探测任务大多委托黄河勘测规划设计研究院有限公司岩土工程事业部工程监测与物探研究院开展。非汛期根石探测采用浅地层剖面仪,该仪器由甲板单元和水下单元(拖鱼)两部分组成。拖鱼与一条电缆连接悬在水中,它装有宽频带发射阵列和接收阵列。发射阵列发射一定频段范围内的调频脉冲,脉冲信号遇到不同波阻抗界面产生反射脉冲,反射脉冲信号被拖鱼内的接收阵列接收并放大,由电缆送至船上单元的数控放大器放大,再由 A/D 转换器采样转换为反射波的数字信号,然后送到 DSP 板做相关处理,最后把信号送到工作站完成显示和存储及数据处理。

这种方法探测速度快、精度高,但这种探测设备受投资、技术等因素制约,还没有广泛应用到汛期防洪工程动态监测中。一旦发现险情,基层根石探测还是以人工探摸杆探测为主,探测数据不能有效地为制订抢险方案提供决策,导致预估险情发展趋势和料物准备大打折扣,失去抢早抢小的良机,目前,基层汛期根石动态监测依然是不能逾越的短板。

2.探测成果

根石探测承担单位在次年3月底前将《非汛期根石探测报告》交至水管单位。《非汛期根石探测报告》内容包括以下内容:

(1)探测基本情况、探测时间、探测位置(桩号或坝号)、探测目的、探测过程、探测队伍以及河势、水位环境条件等。

(2)探测方法与仪器:探测方法、探测仪器以及测线布置等。

(3)探测结果与分析:典型剖面成果图,与上次探测结果比较分析根石分布变化情况。

(4)结论与建议:对探测工程的整体评价,根石变化情况及处理意见。

水管单位根据根石探测报告拟订汛前根石加固方案,对坝岸根石缺失部位进行抛石加固。

(五)重点防守部位检查

每年5月下旬,防办组织相关人员对黄河河道管理范围内重点部位进行检查,对险工易出险的坝垱、控导坝顶高程低洼部位、主溜顶冲坝岸进行登记造册,拟订重点部位防守措施。

对临时建筑、抽水管道、阻水片林以及阻碍抢险通道的设施,以防指(指防汛抗旱指挥机构,下同)名义书面通知各乡(镇)政府,进行彻底清除。

对所管辖的滩区、蓄滞洪区的通信、预报警报、避洪、撤退道路、转移车辆(船只)等安全设施及紧急撤离和救生准备工作进行检查,消除安全隐患,确保群众安全,最大限度地减少财产损失。

分(泄)洪闸管理单位汛前要进行设备检修和闸门启闭试验,保证启闭灵活,安全运用。

第二节　防汛指挥机构

根据《中华人民共和国防洪法》的规定,防汛抗洪工作实行各级人民政府行政首长负责制,统一指挥、分级分部门负责。黄河防汛工作坚持人民至上、生命至上,实行"安全第一,常备不懈,以防为主,全力抢险"的方针,遵循团结协作和局部利益服从全局利益的原则。

防汛指挥机构分为国家防汛抗旱总指挥部、黄河防汛抗旱总指挥部、省级防汛抗旱总指挥部、市级防汛抗旱总指挥部、县级防汛抗旱总指挥部。各级防汛抗旱指挥机构,在国家防汛抗旱总指挥部的领导下,形成了一个统一领导、上下贯通、左右联系、部门协调、分工明确、各负其责、高效完善的防汛指挥机构。

有黄河防汛任务的县级以上政府,要明确同级防指成员单位及有关部门的黄河防汛职责。各成员单位及有关部门按职责分工开展黄河防汛工作。各级要强化预报、预警、预演、预案"四预"措施落实,组织、监督辖区内黄河防汛检查、指挥调度、防汛队伍建设、物资供应保障、巡堤查险、险情抢护、群众迁安救护等防汛工作的实施。

一、国家防汛抗旱总指挥部

国务院设立国家防汛抗旱总指挥部(简称国家防总),是我国最高防汛抗旱机构,负责组织领导全国的防汛抗旱工作,总指挥由国务院副总理担任,成员由国务院有关部委和解放军总参谋部、武装警察部队的负责人组成,国家防总办公室设在应急管理部。办事机构的主要职责是组织全国防汛抗旱工作,承办国家防汛抗旱总指挥部的日常工作;按照国家防总的指示统一调控和调度全国水利、水电设施的水量。

二、黄河防汛抗旱总指挥部

黄河防汛抗旱总指挥部(简称黄河防总)负责黄河防汛工作,由河南省省长担任总指挥,黄河水利委员会主任担任常务副总指挥,青海、甘肃、宁夏、内蒙古、山西、陕西、河南、山东各省(自治区)副省长(副主席)和西部战区、中部战区、北部战区一位副参谋长任副总指挥,黄河防总办公室设在水利部黄河水利委员会,负责黄河防汛的日常工作。

三、省级防汛抗旱总指挥部

省政府设立省防汛抗旱指挥部(简称省防指),主要职责是组织领导全省黄河防汛工作,贯彻实施国家防汛法律法规和方针政策,贯彻执行国家防总和省委、省政府决策部署,部署全省黄河防汛工作,指导监督黄河防汛重大决策的贯彻落实,组织、协调、指导、指挥黄河重大水灾害应急处置工作。省防汛抗旱指挥部办公室(简称省防指办公室)设在省应急厅,承担指挥部的日常工作。省防指在省住房城乡建设厅、省黄河河务局下设城市防汛抗旱办公室、黄河流域防汛抗旱办公室,分工负责城市防汛抗旱和黄河防汛抗旱日常工作。

省政府主要负责同志任省防指指挥,省委、省政府相关负责同志,省应急厅、省水利厅、省住房城乡建设厅、省黄河河务局主要负责同志任常务副指挥,省政府副秘书长、北部战区陆军、省军区、武警省总队负责同志,省气象局、省消防救援总队主要负责同志任副指挥,省应急厅负责同志任秘书长。省委宣传部、省政府办公厅、省发展改革委、省教育厅、省工业和信息化厅、省公安厅、省财政厅、省自然资源厅、省住房城乡建设厅、省交通运输厅、省水利厅、省农业农村厅、省文化和旅游厅、省卫生健康委、省市场监管局、省广电局、省能源局、省粮食和储备局、省海洋局、省黄河河务局、省气象局、省地震局、省通信管理局、省海事局、民航监管局、省消防救援总队、空军基地、中国铁路省集团有限公司、国网省电力公司等单位负责同志为指挥部成员。

四、市、县级防汛抗旱总指挥部

市、县(市、区)人民政府依法设立防汛抗旱指挥机构,由本级人民政府有关部门、单位及当地驻军、人民武装部负责人组成,在上级防汛抗旱指挥机构和本级人民政府的领导下,组织和指挥本地区的防汛抗旱工作,按照"三定"方案设置防指办事机构。

各级人民政府主要领导任指挥长,其日常办事机构在同级应急局,负责辖区内的防汛抗旱工作。在同级黄河河务部门设黄河防汛办公室(简称黄河防办),负责黄河防汛日常工作。

各级防汛抗旱指挥部主要职责是组织领导辖区黄河防汛工作,贯彻实施国家防汛法律法规和方针政策,贯彻执行上级的决策部署,部署辖区黄河防汛工作,指导监督黄河防汛重大决策的贯彻落实,组织、协调、指导、指挥黄河重大水灾害应急处置工作。

第三节 防汛责任制度

一、行政首长负责制

行政首长负责制是整个防汛责任制体系的核心,是取得防汛抢险胜利的重要保证。防汛工作需要动员社会各方力量,发挥各自的职能优势,统筹利用各方资源,同心协力,共同完成。《中华人民共和国防洪法》和《中华人民共和国防汛条例》都明确防汛抢险工作由各级人民政府行政首长负总责,全面领导和指挥防汛抢险工作。主要职责如下:

(1)推动制定本行政区域黄河防汛相关法规、政策,做好法规的宣传、贯彻。组织监督落实法规政策,开展执法检查,保障相关政策措施的有效实施。

(2)根据黄河流域综合规划、防洪规划等,协调筹集资金,动员社会各方力量,加快黄河防洪工程体系建设,尽快达到规划设计标准。维护黄河防洪工程体系良好状态,保持河道行洪能力,协同推进黄河防洪非工程体系建设,不断提高黄河洪水防御能力。

(3)负责组建本行政区域黄河防汛指挥及办事机构,保障必要工作条件和工作经费,协调解决黄河防汛抗洪工作中的重大问题,保障黄河防汛各项工作顺利开展。

(4)加强黄河防汛能力建设,落实行政首长负责制,协调解决相关资金和应急资金,用于黄河防洪工程修复、防汛队伍建设、防汛物资(设备)筹集和预置抢险力量、料物、设备与险情抢护等防汛活动。组织开展黄河防汛业务与技术培训,加强实战演练,督促防汛指挥机构负责人熟悉黄河防汛业务,有关人员掌握岗位技能,不断提高指挥决策水平和实战能力。

(5)组织制订本行政区域黄河洪水防御预案(包括防洪、防凌、蓄滞洪区运用预案、超标准洪水应对方案和滩区、蓄滞洪区迁安救护预案),按程序报批并督促落实相关措施。

(6)组织做好黄河行洪、蓄滞洪区安全设施的建设与管理工作,制定相应的政策措施和管理办法。根据防洪安排及时组织转移区内人员,确保能够适时分洪运用。根据规定组织做好黄河滩区、蓄滞洪区运用补偿相关工作。

(7)组织、督促、指导黄河洪涝灾害多发区的县级以下基层政府以及村组与社区建立综合防灾减灾网格化体系,落实群测群防减灾措施,健全转移避险分片包干责任体系,保障监测预警平台运行维护经费,确保正常运行,全力避免人员伤亡,减轻灾害损失。

(8)根据本行政区域黄河汛情特点,提前研究部署黄河防汛抗洪工作;组织开展黄河防汛检查,督促各级、各部门全面落实防汛责任、检查督察、监测预报预警、工程运行、预案编制、抢险预置、分洪滞洪、抢险救援、人员转移安置、生活救助、灾后恢复重建等措施。

（9）根据黄河汛情发展和预测预报情况，组织指挥当地相关部门、单位、团体、干群等参加黄河工程巡查防守、抢险救援、后勤保障等抗洪抢险行动；根据汛情险情需要，组织、协调群防队伍、综合性消防救援队伍和社会力量等参加抗洪抢险救援，做好相关保障工作；贯彻落实上级指令和洪水调度要求；遇设计标准范围内洪水，确保黄河防洪安全；遇超设计标准洪水，采取一切必要措施防止因洪水造成人员伤亡事故，努力减轻洪水灾害损失。

（10）黄河洪涝灾害发生后，立即组织各方力量迅速开展救灾，及时协调安排救灾款物，保障好灾区群众生活，做好卫生防疫，尽快恢复生产，组织开展因灾倒损民房恢复重建，确保社会稳定。协调做好黄河水毁工程修复，尽快恢复工程抵御洪水能力。组织开展灾情统计、调查、评估和补偿工作。

（11）根据本行政区域黄河洪水灾害特点，组织做好宣传教育工作，增强各级干部和广大群众的水灾害忧患和风险意识，普及减灾避险知识，提高干部群众参与防汛抗洪工作的主动性。防汛抗洪过程中，及时向上级有关部门报告有关情况，组织发布有关信息，组织做好宣传报道和舆论引导，及时回应社会关切的问题。

（12）各级人民政府行政首长对本行政区域黄河防汛抗洪工作负总责，全力保障人民群众生命安全，最大程度减轻洪涝灾害损失。

二、分级、分部门责任制

各级防指成员单位，结合各自防汛职责，制订黄河防汛抗洪相关保障预案（方案）或措施，共同做好黄河防汛抗洪相关工作，确保黄河防洪安全。

宣传部门负责指导协调全省黄河防汛抗洪工作宣传、新闻发布和舆论引导工作，指导发生灾情的地方和相关部门做好新闻发布和舆论引导工作。组织协调新闻媒体做好新闻宣传工作，及时发布黄河洪水预警信息，积极开展黄河防汛知识普及和公益宣传。

政府办负责辖区防汛抗旱重要工作的综合协调。

发展改革部门负责积极争取防灾减灾救灾中央预算内投资支持。统筹协调煤、电、油、气、运保障工作，组织煤、电、油、气以及其他重要物资的紧急调度和交通运输综合协调。负责市场价格的监测、预警，拟定价格干预措施并组织实施。

教育部门负责指导监督各级教育部门加强黄河水灾害应急知识教育，开展学生避险转移培训演练，提前组织做好受威胁区、危险区师生转移并妥善安置，协助提供受灾人员转移安置场所。

工业和信息化部门负责协调黄河防汛抢险救援有关应急产品等的生产组织，负责做好黄河防汛抢险无线电频率保障工作。

公安部门负责指导沿黄公安机关加强黄河汛期抢险救援交通秩序维护、治安管理和安全保卫工作。指导灾区公安机关维护灾区社会治安秩序，依法严厉打击扰乱防汛秩序、破坏防汛设施等违法犯罪行为，配合有关地方、部门妥善处置因黄河防汛抗洪引发的群体性事件，加强灾区及周边道路管控和疏导。协助相关部门做好群众撤离或转移工作。

财政部门负责协调防汛活动的相关资金保障工作，会同有关部门共同向上级申请救灾救助资金。

自然资源部门负责指导做好黄河防汛抢险应急林木采伐、取土等相关手续办理。

住房城乡建设部门负责指导灾区开展因灾毁损房屋的安全性鉴定、修复。

交通运输部门负责承担黄河防汛抗洪工作的交通运输保障,协调解决交通运输保障中的重大问题。协调有关单位落实黄河防汛物资及紧急避险人员运输车辆的储备、调集和运输工作,保障黄河防汛指挥车辆、抢险救灾车辆公路畅通。负责所辖通航水域水上交通安全监管和交通事故调查工作。负责所辖黄河浮桥的行业管理;督促黄河浮桥经营企业制订度汛预案,并定期组织演练;配合黄河河务等部门督促黄河浮桥经营企业按要求拆除浮桥;加强对浮桥安全的日常监督检查。

水利部门负责水情旱情监测预警预报工作;组织编制重要河道、湖泊和重要水工程的防御洪水抗御旱灾调度以及应急水量调度方案,按照程序报批并组织实施;承担防御洪水应急抢险的技术支撑工作;承担台风防御期间重要水工程调度工作;协同做好防汛抢险、抗旱救灾工作。

农业农村部门负责农业防灾减灾工作,监测、发布农业灾情,提出农业生产救灾资金安排建议,指导农业紧急救灾和灾后生产恢复。指导做好农业抗旱和农田排涝工作。协调种子、化肥等救灾物资的储备和调拨。监督管理渔政渔港和渔业安全生产,负责渔港水域交通安全和渔业港口管理,做好渔船和沿海水产养殖避风工作,组织水产抗灾和恢复工作。负责农产品(不含畜产品)质量安全监督管理。指导粮食等农产品生产和农业生产节约用水工作。组织、监督农业植物和水生动植物防疫检疫有关工作。负责及时收集、报送因水旱灾害等造成的农业灾情信息。

文化和旅游部门负责指导协调、组织、督导各旅行社和沿黄 A 级旅游景区、博物馆等文化和旅游企事业单位,做好黄河汛期安全防范、转移避险、应急处置等工作,协助提供受灾人员转移安置场所。

卫生健康部门负责组织指导做好灾区医疗卫生救援和疾病预防控制等工作。灾害发生后,及时组织调配医疗卫生救援力量支援防汛抢险现场和灾区,开展医疗救治和疾病预防控制工作,控制疫病的发生和流行。

应急部门负责组织协调黄河重大水灾害应急救援工作。指导协调相关部门开展黄河水灾害防治工作。统一协调指挥全省应急救援队伍,统筹应急救援力量建设。依法统一发布灾情。建立健全应急物资信息平台和调拨制度,在救灾时统一调度。组织协调灾害救助工作,下达指令调拨救灾储备物资,管理、分配各类救灾款物并监督使用。指导开展黄河洪涝灾害调查评估工作。

市场监管部门负责做好灾区食品安全监督管理工作,维护市场价格等市场秩序稳定。

广电部门负责组织指导广播电视台宣传报道黄河防汛抢险和救灾工作,播报预警响应等信息,宣传黄河防汛预防、避险知识等。加强广播电视管理,正确引导舆论导向。

能源部门负责参与做好黄河防汛抗洪期间油、气、电等能源保障。承担涉及黄河的石油天然气管道防洪保护的监督管理职责,督促石油天然气管道企业履行管道防洪保护主体责任。

粮食和储备部门负责按照权限组织实施应急储备物资的收储、轮换和日常管理,落实黄河防汛抗洪有关动用指令。

海洋部门负责黄河入海口观测预报、预警监测及海洋趋势分析和评估,及时发布预报、预警信息。

黄河河务部门负责辖区黄河防洪工程的建设管理及黄河防汛抗旱的日常工作,指导、监督有关防洪工程运行安全;组织制订黄河防洪预案和防凌预案,及时提供黄河雨情、水情和洪水预报,做好黄河防洪、防凌调度和引黄供水调度;主管国家常备抢险物资供应。制定并监督实施黄河防汛抗旱措施,组织开展防洪工程应急处理和水毁工程的修复。承担黄河防汛抗旱技术支撑,协同做好黄河防汛抢险工作。

气象部门负责组织天气气候监测和预报预测工作以及气象灾害形势分析和评估,及时发布预报预警信息,向省防指及有关成员单位提供气象信息,参与重大气象灾害应急处置。

地震部门负责辖区内地震的监测、预测,及时向本级防指及有关成员单位、防洪工程管理单位通报有关震情,指导有关部门做好防震减灾救灾工作。

通信管理部门负责指导协调通信企事业单位做好涉及黄河的公共通信设施的防洪保安和应急抢护,协调调度应急通信设施,协调通信企业及时发布黄河洪水预警、迁安信息,做好黄河防汛抗洪应急通信保障工作。

民航部门负责为黄河防汛抗洪紧急抢险和人员撤离及时协调所需飞机,优先运送防汛和防疫的人员、物资和设备。

消防救援部门负责组织、指挥消防救援队伍参加黄河应急抢险救援工作,按照上级联调联战机制规定,调度指挥辖区应急救援力量开展黄河抢险救援工作。协助地方政府转移和救援群众。

铁路部门负责所辖涉及黄河的铁路设施的防洪安全和损毁铁路设施抢修。督促相关单位清除铁路建设中的碍洪设施。协调组织运力运送黄河防汛抗洪人员、物资及设备。

国网电力公司负责所辖涉及黄河电力设施的防汛安全,组织做好黄河防办、防洪工程和设施的电力保障,做好黄河防汛抢险、排涝、台风防御、救灾的电力供应,加强黄河防汛突发事件处置现场的应急电力供应。

三、分包责任制

为加强领导,确保重点防守工程汛期安全运行,各级政府行政负责人和防指成员,除完成本职工作外,对防洪工程、水库进行分包,签订责任状,明确职责,细化分工,驻守分包现场,及时指挥防汛抢险。

四、岗位责任制

行政责任人、技术责任人和巡查责任人按照岗位分工落实岗位职责。河务部门巡查人员要按照班坝责任制的要求,及时进行巡查,发现问题及时上报。

第四节 防汛队伍落实

黄河防汛队伍实行专业队伍与群众队伍相结合和军民联防的原则。由黄河专业队伍、群众防汛队伍、综合性消防救援队伍、社会力量、中国人民解放军和武警部队等组成。

一、黄河专业队伍的组成及职责

黄河专业队伍是黄河防汛抗洪抢险的技术骨干力量,由各级黄河河务部门职工组成。主要负责黄河防洪工程的日常管理;水情、工情、险情测报;通信联络、工程防守和紧急抢险的技术指导,当好各级领导的防汛抢险参谋。

二、群众防汛队伍的组成及职责

群众防汛队伍是黄河防汛抢险的基础力量,由沿黄群众、企业职工和机关干部组成,一般由18~50周岁青壮年组成,特殊情况可放宽至55周岁,并吸收有防汛抢险经验的人员、民兵和退伍军人参加。担负堤线防守、巡堤查险、抢险、运料、群众迁安救护及水毁工程修复等任务。

县级黄河防办指导乡(镇、街道)对群众防汛队伍的组成人员登记造册,实行在册"服役制",明确各自的任务和责任,做到思想、组织、技术、工具料物、防守责任制"五落实"。

为保证查险和抢险需要,群防队伍上堤时,应携带必要的工具和料物。基干班工具、料物由所在村委会负责筹备,护闸队、民兵抢险队工具料物由所在乡(镇)防指负责筹备,企业抢险队工具料物由所在企业负责筹备。洪水期间主要承担本防守辖区内的巡堤查险、险情抢护,服从黄河防汛指挥部的统一调度,并配合黄河专业抢险队抢护险情。

群众防汛队伍按一、二线组织。一线群众防汛队伍由沿黄乡(镇)、村队组织的基干班、抢险队、护闸队组成。

二线群众防汛队伍由其他乡(镇)、村队组织防大水、抢大险的预备队组成,负责运送料物和抢修应急工程。人员不足时从沿黄市的其他县(市、区)补充。

(1)一线队伍。

基干班:临黄堤、东平湖围坝、北金堤、大汶河下游堤防每千米组织10个基干班,东平湖二级湖堤和河口堤每千米组织6个基干班,每班12人,并配齐正、副班长和技术员、宣传员、统计员、安全员。

抢险队:每个沿黄乡(镇、街道)至少组织1支民兵抢险队,每队50人;每个沿黄县(市、区)组织3~6支企业抢险队,每队50人。

护闸队:设计流量50 m^3/s 及以下的水闸设置1支护闸队,每队50人;设计流量50 m^3/s 以上的水闸视情设置2~4支护闸队,每队50人;病险水闸适当增加护闸队数量。

后勤保障队伍:按其他一线队伍(基干班、抢险队、护闸队)总人数的1/5组织。

机关干部:按一线队伍人员总数的1/50组织。

(2)二线队伍按照一线队伍人员数量组织。

群众防汛队伍由各级政府统一领导和指挥,当地人民武装部门负责民兵队伍的组织和训练,黄河河务部门负责技术指导。

三、综合性消防救援队伍

按照全省应急救援力量联调联战工作机制,在各级政府统一领导下,应急管理部门统筹,消防救援主调主战,开展黄河防汛抢险救援工作,协助地方政府转移和救援群众。

四、社会力量

按照相关规定和程序,参加黄河防汛抗洪工作。

五、中国人民解放军和武警部队

中国人民解放军和武警部队是防汛抗洪抢险的突击力量。担负着抗洪抢险的急、难、险、重任务。主要承担重点河段的工程防守抢险、重大险情抢护等任务。当黄河发生大洪水时,人民武装部要组织民兵预备役全力以赴。

第五节　防汛料物落实

黄河防汛物资储备按照"安全第一,常备不懈,以防为主,全力抢险"的防汛工作方针,由中央级防汛物资、国家储备物资、社会团体储备物资和群众备料四部分组成。

一、中央级防汛物资

由中央财政安排资金,国家防汛抗旱总指挥部办公室负责购置、储备和管理。中央级防汛料物储备定点库共计28个,黄河下游有2处,即中央防汛抗旱物资储备郑州仓库和济南泺口仓库。储备的防汛物资品种主要有编织袋、麻袋、橡皮船、冲锋舟、救生船、救生衣、钢管、防汛工作灯、发电机组、土工布和土工织物等。动用中央级防汛料物,要逐级上报至国家防总批准调拨,由定点储备库直接运达出险现场,按照"谁使用谁拿钱,汛后付款,合理结账"的原则有偿使用。

二、国家储备物资

宁可备而不用,不可用而不备。为了保证防汛抢险的应急物资供应,各防汛机构都设有防汛物资仓库并常年存有一定数量的物资,由防汛机构直接管理,确保抢险物资及时到达抢险现场,切实做到"抢早、抢小"。国家储备物资按照中常洪水考虑,主要用于抢险、维修养护和应急度汛工程。国家储备物资实行定额管理,到了报废年限按照报废程序行文报批。国家储备物资主要包括石料、铅丝、麻料、木桩、砂石料、篷布、土工织物、发电机组、冲锋组、橡皮舟、抢险设备、照明灯具及常用工器具。为了降低管理风险,节约防汛物资储备成本,近年来,各防汛机构大多采用防汛物资代储模式储备防汛物资,与附近大型防汛物资企业签订防汛物资代储协议,在规定的时间内将所需防汛物资送达抢险现场,用后付款。

维修养护根石加固和应急度汛工程动用备防石原则:一是就近使用,工期紧张,能及时消除工程隐患;二是备防石储存已久,需要推陈储新;三是备防石垛排整不规范,不符合工程管理标准,需要重新排整。

石料储备定额标准:险工工程按照 2 500 m³/km 储备,控导工程按照 3 000 m³/km 储备。每年汛前汛后及时补充。

三、社会团体储备物资

防汛工作实行行政首长负责制,当地政府根据防汛任务和当地防汛物资资源,统筹谋划、协调安排,根据《防洪预案》各部门职责,将防汛物资储备任务分解到各个单位、部门、企业,县防指与相关单位、部门、企业签订储备物资任务书。各级行政机关、企事业单位、社会团体筹集和掌握的可用于防汛抢险的物资,主要包括各类抢险设备、交通运输工具、通信工具、救生器材、发电照明设备、铅丝、麻料、袋类、篷布、木材、钢材、水泥、砂石料及燃料等。

四、群众备料

县防指与沿黄乡(镇)政府根据《防洪预案》职责签订群众备料任务书,对附近群众自有的可用于防汛抢险的物资进行清点,登记造册。一般采用汛前号料、备而不集、用后付款的方法。主要包括抢险工器具、各类运输车辆、树木及秸柳料等。

机关和社会团体储备物资、群众备料按照"备而不集,用后付款"的原则,在汛前落实储备地点、数量和运输措施。

部队参加黄河防汛抢险所用物资器材,按照《军队参加抢险救灾条例》等规定执行。

第六节　防汛机械预置

防汛机械落实分为日常代储模式和应急预置模式两种。

一、日常代储模式

汛前,县防指办考察位于各防洪工程附近的乡(镇),选择机械种类多、性能好、信誉高、价格低的机械公司,签订机械代储协议。日常代储模式适用于当地河段中常洪水以下出险时,机械设备能及时到场进行抢护,提高抢险效率。

日常代储抢险机械有自卸汽车、大型挖掘机、长臂挖掘机、推土机、装载机、吊车等。

二、应急预置模式

应急预置模式是指当发生中常以上洪水时,在工程防守重点预先布置机械,确保险情及时处置。

防汛抢险预置遵循"突出重点、属地管理、分级负责"的原则,由市防汛抗旱指挥部(简称市防指)监督协调,县级人民政府负责组织实施,各级各有关部门配合。险工控导应预置在防守重点坝段 500 m 范围内,堤防应预置在防守重点堤段 2 500 m 范围内,水闸应预置在水闸 500 m 范围内。

若需要远距离倒运石料,应适当增加挖掘机、自卸车等设备预置数量。

防汛抢险预置按照"谁预置、谁管理、谁调度"的原则。防汛抢险预置期间,当有险情发生时,预置设备应立即投入抢险。

防汛抢险预置期间,市防指负责辖区内防汛抢险预置督导检查,确保设备预置到位。

三、不同流量级洪水的预置条件及标准

当预报黄河花园口站或艾山站或泺口站流量可能达到或已经达到 4 500 m^3/s 时,各级启动防汛抢险机械预置。当预报东平湖老湖水位可能达到或已经达到警戒水位,或预报大汶河戴村坝流量可能达到或已经达到 2 000 m^3/s 时,泰安、济宁各级启动防汛抢险机械预置。

(1)险工工程预置标准。

①坝岸数量为 1~5 道时,配置常规挖掘机 1 台(小松 220 型挖掘机)、自卸车 2 台(标载 30 t)、长臂挖掘机或吊车 1 台、照明车 1 台。

②坝岸数量为 6~10 道时,配置常规挖掘机 2 台(小松 220 型挖掘机)、自卸车 4 台(标载 30 t)、长臂挖掘机或吊车 2 台、照明车 2 台。

③坝岸数量为 11~15 道时,配置常规挖掘机 3 台(小松 220 型挖掘机)、自卸车 6 台(标载 30 t)、长臂挖掘机或吊车 3 台、照明车 3 台。

④险工坝岸数量为省黄河防办公布列为防守重点的坝岸数量。当防守重点坝岸数量大于 15 道时,应根据汛情需要适当增加预制机械。

(2)控导工程预置标准。

①坝岸数量为 1~5 道时,配置常规挖掘机 1 台(小松 220 型挖掘机)、自卸车 2 台(标载 30 t)、推土机或装载机 1 台、照明车 1 台。

②坝岸数量为 6~10 道时,配置常规挖掘机 2 台(小松 220 型挖掘机)、自卸车 4 台(标载 30 t)、推土机或装载机 2 台、照明车 2 台。

③坝岸数量为 11~15 道时,配置常规挖掘机 3 台(小松 220 型挖掘机)、自卸车 6 台(标载 30 t)、推土机或装载机 3 台、照明车 3 台。

④控导坝岸数量为省黄河防办公布列为防守重点的坝岸数量。当防守重点坝岸数量大于 15 道时,应根据汛情需要适当增加预制机械。

预报黄河花园口站流量可能达到或已经达到 6 000 m^3/s,或部分滩区漫滩。预报东平湖老湖可能接近防洪运用水位,或预报大汶河戴村坝流量可能达到或已经达到 3 000 m^3/s。

(3)堤防工程预置标准。

①所辖黄河堤防工程长度在 5 km 以内时,配置常规挖掘机 2 台(小松 220 型挖掘机)、自卸车 4 台(标载 30 t)、推土机或装载机 2 台、长臂挖掘机或吊车 1 台、照明车 4 台、通信保障车 1 台。

②所辖黄河堤防工程长度在 6~10 km 以内时,配置常规挖掘机 4 台(小松 220 型挖掘机)、自卸车 8 台(标载 30 t)、推土机或装载机 4 台、长臂挖掘机或吊车 2 台、照明车 8 台、通信保障车 1 台。

③所辖黄河堤防工程长度在 11~15 km 以内时,配置常规挖掘机 6 台(小松 220 型挖掘机)、自卸车 12 台(标载 30 t)、推土机或装载机 6 台、长臂挖掘机或吊车 3 台、照明车 12 台、通信保障车 1 台。

④堤防工程长度为省黄河防办公布列为防守重点的堤防长度。当防守重点堤段长度大于 15 km 时,应根据汛情需要适当增加预制机械。

(4)险工工程预置标准。

①坝岸数量为 1~5 道时,配置常规挖掘机 2 台(小松 220 型挖掘机)、自卸车 4 台(标载 30 t)、长臂挖掘机或吊车 1 台、照明车 1 台、通信保障车 1 台。

②坝岸数量为 6~10 道时,配置常规挖掘机 4 台(小松 220 型挖掘机)、自卸车 8 台(标载 30 t)、长臂挖掘机或吊车 2 台、照明车 2 台、通信保障车 1 台。

③坝岸数量为 11~15 道时,配置常规挖掘机 6 台(小松 220 型挖掘机)、自卸车 12 台(标载 30 t)、长臂挖掘机或吊车 3 台、照明车 3 台、通信保障车 1 台。

④险工坝岸数量为省黄河防办公布列为防守重点的坝岸数量。当防守重点坝岸数量大于 15 道时,应根据汛情需要适当增加预制机械。

(5)控导工程预置标准。

①坝岸数量为 1~5 道时,配置常规挖掘机 2 台(小松 220 型挖掘机)、自卸车 4 台(标载 30 t)、推土机或装载机 1 台、照明车 1 台、通信保障车 1 台。

②坝岸数量为 6~10 道时,配置常规挖掘机 4 台(小松 220 型挖掘机)、自卸车 8 台(标载 30 t)、推土机或装载机 2 台、照明车 2 台、通信保障车 1 台。

③坝岸数量为 11~15 道时,配置常规挖掘机 6 台(小松 220 型挖掘机)、自卸车 12 台(标载 30 t)、推土机或装载机 3 台、照明车 3 台、通信保障车 1 台。

④控导坝岸数量为省黄河防办公布列为防守重点的坝岸数量。当防守重点坝岸数量大于 15 道时,应根据汛情需要适当增加预制机械。

四、预置机械撤离

当黄河山东段河道流量降至 3 500 m³/s 以下,或东平湖老湖降至汛限水位以下,且预报无后续较大洪水时,县级人民政府组织预置机械有序撤离,并做好善后工作,确保工程面貌完整、整洁。

第七节 通信网络保障

充分利用黄河防汛通信专网、社会通信公网,确保通信畅通,保证汛情、旱情、灾情信息和指挥调度指令的及时传递。在紧急情况下,调配应急通信车、卫星电话等应急通信设备或架设应急通信设备,确保通信畅通,充分利用互联网络、手机短信等手段发布防汛抗旱信息。发生中常洪水时,通信以黄河专网为主,公网为辅;发生防御标准以内洪水时,通信实行专网、公网结合,实现不间断的信息通信保障;发生特大洪水时,通信以公网为主,专网、公网相互配合,采取应急手段和措施,保障信息通信畅通。

一、防汛网络体系

(一)黄河防汛通信专网

配合黄河水利委员会,积极推动"黄河下游防洪安全监视系统项目""基层单位防洪工程信息通道项目"建设,形成覆盖全面的信息采集体系和宽带信息传输体系。

在专网覆盖良好且有通信铁塔的区域,采取点对多点小微波、无线网桥等方式,解决防洪工程"最后一公里"信号传输。山东沿黄堤防工程共计有专网铁塔65处,可实现65个中心站与多个外围站手拉手或星型连接以及中心站接力等方式,建立覆盖防洪工程现场的信息传输通道。采用点对多点手拉手连接或星型连接等方式部署,一个中心站总容量为500 M,按每处大于10 M带宽部署可实现覆盖不少于20个视频监控点,考虑到防汛工程现场树木遮挡等不利路由条件,按照点对6~10点计算,可实现覆盖不低于500个视频监控点。

(1)计算机网络方面。升级改造省局、市局、县局现有计算机业务网络,保证核心骨干网超期服役设备率不超过20%,建立一体化网络管理与运维系统,实现运维工作的全面智能化管理。

(2)云基础设施方面。对山东黄河虚拟化服务器集群进行升级扩容,补齐云计算基础设施短板,构建统一的存储计算资源服务体系,强化稳定可靠的持续运行保障能力。包括:面向山东黄河大数据智能应用需求,扩充存储计算资源池,建立大数据存储计算服务体系;建立多点容灾和负载均衡的持续运行保障能力。

(3)视频会议方面。进一步拓展云视频会议功能,需要移动端云视频会议及视讯平台融合接入,实现视频会议、手机摄像、固定监控点等视频信息全部接入移动平台,为防汛会商等业务提供全面的视频支撑。

(二)公网为主、专网为辅

采取公网为主、专网为辅的方式,提升现有山东黄河专用骨干网信息传输带宽。采取租赁公网电路的方式,逐步实现基层段所接入传输带宽50 M、县局到市局带宽100 M、市局到省局带宽200 M;对郑济微波山东段、济东微波干线传输路由进行合理调整,对支线微波进行通路优化,提升现有设施的利用率。

公网无线覆盖良好的区域,采取租赁三大运营商的4G/5G传输通路方式,解决防洪工程"最后一公里"信息传输。按山东黄河防洪工程情况,计划租赁500张4G/5G卡组成流量资源池,共享租赁传输资源,实现防洪工程现场信息传输保障。

(三)实行专网、公网结合

采取公网、专网结合的方式,解决山东黄河信息传输"最后一公里"问题。利用公网4G/5G资源,采用租赁等方式,建设公网信号覆盖良好的防洪工程现场信息传输通路;充分利用现有基层黄河专网资源,以专业铁塔为支撑,实现基层段所向防洪工程现地的无线信号覆盖。

二、通信值班制度

(一)黄河通信专网值班制度

(1)全体通信职工总动员,一切服从防汛。通信保障组负责人进入指挥岗位,随时掌握通信运行全面情况,及时指挥处理通信中发生的故障和问题。

(2)通信保障组全体人员实行 24 小时值班,按照汛期通信方案分工上岗到位,提高警惕,尽职尽责。

(3)加强通信设备的观察,增加巡查次数,密切关注设备运行及供电情况,确保设备正常运行。

(4)确保供电保障,备用发电机组由专人负责,一旦市电停电,在 30 分钟内启动备用发电机组。

(5)防洪工程各观测站点观测人员手机 24 小时开机,确保联系沟通,满足防汛抢险的需要。

(6)通信保障组配合上级派出的技术人员,配备足够的通信材料、工具到防汛抢险一线巡回检修通信设施。

(7)对三处一点多址微波通信系统 24 小时值班,发现问题及时上报处理,确保电话畅通。

(8)做好水位站水位信息传递的通信保障工作。

(二)社会通信公网值班制度

(1)三大电信运营公司主要领导负总责,根据县黄河防指的指挥调度,配备专用通信移动车辆,提供一切防汛抢险通信设备,必要时电信部门要开通防汛专用线路若干条,满足防汛抢险通信的需要。

(2)按照黄河通信管理调度与责任划分,实行 24 小时值班制度和通信保障责任制度。

(3)移动、联通、电信公司要密切合作,保证传输畅通。

(4)移动、联通、电信公司要派技术员(微波、程控、移动)赴抗洪抢险一线,保障通信调度畅通。

(5)通信保障组要积极主动与电信运营公司联系储备备用手机,以便汛情紧急时防指调用。

第八节　"四预"措施落实

实施抗旱预报、预警、预演、预案"四预"机制,坚持"预"字当先、关口前移,加强实时雨水情信息的监测和分析研判,完善水旱灾害预警发布机制,开展水工程调度模拟预演,细化完善洪水调度方案和超标洪水防御预案。推进建立流域洪水"空天地"一体化监测系统,建设数字流域,为防洪调度指挥提供科学的决策支持。

一、预报

预报要"准"。预报要立足极端天气条件,在精准、超前上下功夫。要以流域为单元提前精准预报预警,与气象、水文部门密切协作、联动配合,加强实时雨水情信息的监测报送和分析研判,利用水文气象耦合、大数据、人工智能等技术,努力提高预报精准度、延长预见期。每次预报的结果要落到最小单元,直达雨区覆盖的部门,及时告知当地做好防汛救灾准备工作。

(1)气象信息。各级气象部门应加强对当地灾害性天气的监测和预报,并将结果及时通报同级黄河防办。气象、水文部门要加强灾害性天气的监测信息共享,便于省防指成员单位及时掌握有关气象、水文信息。

(2)水情工情。河务、水文部门每天将实时更新的黄河流量、水位、工程运行动态及时向防汛抗旱指挥部报告。当预报黄河、东平湖、金堤河即将发生严重洪水灾害时,当地防汛抗旱指挥机构应提前通知有关区域做好相关准备。

当黄河、东平湖、金堤河发生洪水时,水文部门应加密测验时段,及时上报测验结果,雨情、水情应在规定的时间内上报省黄河防办。

当黄河、东平湖发生警戒水位以上洪水,金堤河发生 200 m³/s 以上洪水或蓄滞洪区分洪运用时,各级工程管理单位应加强工程监测和险情的先期处置,并将堤防、闸坝等工程设施的运行、出险和防守情况,报上级黄河防办和同级防汛抗旱指挥机构,并逐级上报,重要情况随时上报。

(3)汛前,各级河务部门向本级防指书面报告防汛形势、备汛情况、存在问题、防汛建议等,为各级防汛备汛决策提供精准依据。

二、预警

预警要"快",要及时启动应急响应,确保应急响应机制各方面有机有效联动。一旦水库、堤防出现险情,及时向可能受影响的相关部门和地区发布预警,提醒提前做好避险防范。当前,特别要做好山洪灾害防御预警,确保预警信息传递到人、防御责任到人,提前做好转移避险。"宁可听骂声,不可听哭声"。

(一)安全预警

各级防指成员单位根据各自的职责,按照进社区、进学校、进单位、进家庭、进场所、进农村"六进"要求,加大防溺水宣传力度,同时在水利工程、险工险点、靠水坝岸设置防止溺水警示牌。

(二)洪水预警

发生较强降雨,当主要行洪河道、水库出现涨水时,各级水行政主管部门要及时发布洪水预警,并报同级防指。应急部门按照同级防指部署,组织指导有关方面提前落实抢险队伍、预置抢险物资、视情开展巡查值守、做好应急抢险和人员转移准备。

(三)预警响应

防汛抗旱预警级别由低到高划分为一般(Ⅳ)、较重(Ⅲ)、严重(Ⅱ)、特别严重(Ⅰ)四个预警级别,依次用蓝色预警(Ⅳ)、黄色预警(Ⅲ)、橙色预警(Ⅱ)、红色预警(Ⅰ)。

(1)发布蓝色预警(Ⅳ级):预计黄河下游发生接近警戒水位洪水或个别黄河滩区出现漫滩;预计东平湖老湖水位继续上涨,接近43.0 m警戒水位,或预计大清河流量将达到3 000 m³/s以上;预计金堤河范县站流量将达到200 m³/s时;黄河防总发布含有山东区域的蓝色预警或省防总启动含有黄河受水区域相应级别的抗旱预警时;其他需要发布蓝色预警的情况。

(2)发布黄色预警(Ⅲ级):预计黄河花园口站发生 4 000~6 000 m³/s 洪水或局部滩区漫滩;东平湖老湖超过 43.0 m 警戒水位,预计水位继续上涨或预计大清河流量将达到 5 000 m³/s;预计金堤河范县站流量将超过 400 m³/s 时;黄河防总发布含有山东区域的黄色预警或省防总启动含有黄河受水区域相应级别的抗旱预警时;其他需要发布黄色预警的情况。

(3)发布橙色预警(Ⅱ级):黄河花园口站发生 6 000~10 000 m³/s 洪水或预计黄河滩区大部漫滩;预计东平湖老湖接近 44.5 m 保证水位,或预计大清河发生 7 000 m³/s 左右的洪水;黄河防总发布含有山东区域的橙色预警或省防总启动含有黄河受水区域相应级别的抗旱预警时;其他需要发布橙色预警的情况。

(4)发布红色预警(Ⅰ级):预计黄河花园口站发生 10 000 m³/s 以上的洪水或黄河滩区全部漫滩;预计东平湖老湖超过 44.5 m 保证水位,或预计大清河发生超标准洪水;黄河防总发布含有山东区域的红色预警或省防总启动含有黄河受水区域相应级别的抗旱预警时;其他需要发布红色预警的情况。

三、预演

预演要"真"。预演要往实里做、细里做。要加强历史雨水情信息的分析研判,按照历史最大洪水进行推演,在数字流场中进行预演,标准内洪水怎么调度,发生超标准洪水如何防,洪水往哪去,人往哪转移,都要安排好、落实好,为防汛提供科学决策支持。

有黄河滩区、蓄滞洪区迁安救护任务的各级政府,汛前要建立滩区、蓄滞洪区群众迁安救护组织,制订迁安救护方案,组织开展迁安救护演练,落实迁安救护措施,组织做好人员转移避险安置的各项准备工作。

(一)现场演练

在一定区域预设模拟险情,由防汛抢险队实地操作,演练各种防汛抢险技术,例如修筑反滤围井、捆抛柳石枕、编抛铅丝笼、制作柳石搂厢等抢护技术,对提高抢险技能实际效果很好。

(二)岗位练兵

汛前或进入汛期,各级防汛指挥部组织有防汛值班和巡查任务的业务人员,进行知识竞赛,或通过组织各种岗位练兵活动,提高防汛人员的业务素质,做到人人都能独当一面。

(三)模拟演练

通过模拟洪水过程和假想的防汛战场,组织各级防汛指挥人员与防汛队伍进行模拟演习。在演习过程中,各级防汛指挥部根据模拟的水情发展,预估可能发生的险情,及时做出应变部署。提出对险情采取的抢护措施与实施步骤,并及时反馈。防汛抢险队伍按照上级命令及部署进行操作,提高指挥人员应变决策能力与防汛队伍抢险战斗力。

(四)紧急拉练

由当地武装部门每年负责对组建的防汛抗洪连、抢险队、基干班进行全副武装紧急集合,通过紧急集合检验防汛抢险队伍是否官兵相识,抢险工具、料物携带是否齐全,组织性、纪律性是否严密,是否能达到"召之即来、来之能战"的要求。对紧急拉练暴露出的问题,有针对性地及时纠正,进一步促进组织、工具、料物和技术的落实。

(五)综合演练

为加强多兵种防汛队伍的配合,检验防汛抗洪能力。市级防指每年汛前会调集各县区防汛队伍、机械、医疗救护、后勤保障等,在黄河滩区进行集中综合演练。县防指也会每年汛前调集各乡(镇)防汛队伍、机械、医疗救护、后勤保障等,在防洪工程上进行集中综合演练。演练科目涉及防汛调度、机械抢险、医疗救护、通信保障、后勤保障等内容,通过综合演练,切实提高了防汛抢险和协同作战能力。

四、预案

预案要"实"。要立足极端强降雨、超标准洪水等最不利情况,从危险区划定、人员转移、中小水库安全、重要堤防防守、城市防洪排涝和重要基础设施防护等方面完善防御预案,要逼近实战,强化预案的指导性和可操作性,确保预案到位,牢牢把握防御工作的主动权。

"凡事预则立,不预则废"。防洪预案是做好防汛工作的技术支撑,是防汛工作的指南、调度与决策的依据。各级防指及成员单位要及时修订完善黄河防汛抗旱应急预案、防洪(防凌)预案,东平湖、北金堤防洪预案,滩区、蓄滞洪区运用预案,工程抢险方案,黄河水量调度预案以及行业各类保障预案等,本级防指要组织专家进行评审,也可委托有资质的第三方评审,并报省黄河防办备案。修订完成后按有关规定报批并组织实施。

第九节　防汛技术培训

各级防指按照分级负责的原则统一组织或指导有关部门、单位进行培训。培训应结合当地防汛抗旱工作实际,采取多种组织形式。加大对防汛抗旱行政责任人的培训力度。各级防指应及时将本年度培训、演练计划和培训、演练后的总结报送上一级防指。各级防指结合实际,有计划、有重点地开展不同类型的防汛抗旱应急演练,以检验、改善和强化应急准备和应急响应能力。

汛前,各级防指要组织防汛指挥人员、防汛指挥成员单位负责人进行培训,重点培训防汛责任制、防汛调度、水文气象知识、防汛抢险预案、防洪工程基本情况、抗洪抢险技术等知识。

河务部门组织专业队伍进行培训,请有实践经验的专家传授防汛知识,重点培训值班值守、巡堤查险、报险抢险等知识。

各乡(镇)政府组织群防队伍进行培训,重点培训巡堤查险、险情抢护等知识。培训可采用学习班、研讨会、实战演练、知识竞赛、技术比武等方式进行。

各级黄河防办要加强黄河防汛抢险指挥专家力量建设,切实做好黄河防汛抗旱技术支撑工作。各级防指和新闻单位应加强防汛抗旱抗灾及避险知识宣传,增强全民预防水旱灾害和避险自救互救意识,做好防大汛、抗大旱的思想准备。

第十一章　汛期运行管理工作

第一节　防汛值班值守

一、防汛值班时间

伏秋汛期值班每年6月1日开始,至10月31日结束;凌汛期值班每年12月1日开始,至次年2月底结束。根据汛情需要和上级安排可临时调整值班开始和结束时间。非汛期,若遇突发事件,相机安排应急值班。

二、防汛值班职责

防汛值班人员包括各级防指防汛会商室应急值班、黄河防办各职能组常规值班(综合调度组、水情测报组、工情测报组、物资供应组、后勤保障组、宣传报道组、督察执法组、通信保障组、安全保卫组)、基层段所现场驻守值班。防汛值班人员24小时驻守防汛值班室,负责运行观测数据汇总、各级文件上传下达等工作。防汛值班人员要熟练掌握防洪法规、不同汛期的洪水特点、工程基本情况、当天水情工情、黄河防汛专业术语、防洪预案、防洪工程抢险预案、防汛应急预案、文电收发程序、设备运用常识、起草防汛文电等,从容处理当天的防汛值班工作,认真交接,确保防汛工作不出问题。

(一)带班领导职责

(1)全面掌握实时雨情、水情、工情、险情、灾情和防汛部署情况。

(2)审定值班报告,阅处往来文件和传真电报。

(3)负责处置突发事件,接到值班人员报告的防汛突发事件后,要及时做出判断,召集有关人员进行会商,提出决策意见,做出工作部署,向主要负责人汇报,并据情向上级报告。

(二)值班人员职责

(1)及时掌握实时雨情、水情、工情、险情、灾情及防汛部署情况,并按照有关信息处理办法对重大信息、重要信息、一般信息和日常信息进行分类处理。

(2)遇突发事件要在第一时间向带班领导报告。

(3)负责往来文电和资料的收发、整理,接听电话,做好值班记录,编发防汛(凌)值班报告。

(4)负责做好领导指示、批示、调度命令及有关信息的上传下达,起草上传下达的文电材料,确保不缺报、不漏报、不错报、不迟报。

(5)负责审核管理段所报汛情,保持值班工作正常有序进行,做好领导临时交办的其他防汛工作。

（6）负责值班期间值班室的管理，维护好值班室设备，保持值班室清洁。

（7）信息接收。

①接听电话。值班人员应在电话响铃后及时接听并答复处置。值班人员接听电话要主动询问对方姓名和单位。重要电话要记录在防汛值班记录簿，内容包括来电单位、姓名、通话内容和时间等，并立即向带班领导汇报，按批示办理，办理结果应记录在防汛值班记录簿。

②接收传真。值班人员收到上级下发的和下级上报的传真要立即做好登记并复印，分别报送办公室、带班领导和防办主任，底稿存留值班室。

跟踪了解传真运转和批示落实情况，确保将其落到实处，办理完毕将流转返回的传真送防办存档。

③其他信息。接收电子邮件后要及时打印，并按接收传真程序登记处理，需要转交的急件，值班人员负责及时通知收件人取走或转送。

（8）信息发送。

①拨出电话。电话通知事项要记录于防汛值班记录簿，注明时间、对方单位、姓名、联系方式、通知事项内容及对方答复内容等。

②发送传真。发送传真要即时在防汛值班日志上登记，注明传真标题、发送时间、接收单位、接收人姓名，自动传真要落实接收情况。

（9）防汛值班报告编写。

汛期，值班人员要按照规定编写防汛值班报告，于14时前完成，并录入县局电子政务系统。

凌汛期，值班人员要按照规定编写防凌值班报告，于上午9时前完成，经带班领导审核后录入县局电子政务系统。

（10）突发事件处置。

①遇突发事件时，值班人员及时向带班领导报告，并做好记录，不得擅自处理。

②突发事件信息记录包括时间、地点、信息来源、事件起因和性质、基本过程、已造成的后果、影响范围、事件发展趋势、已采取和拟采取的措施、存在的问题和建议等。要素不全或不清楚的，值班人员要主动向有关方面了解情况，必要时，通知有关方面核实情况，并上报书面材料。

③在突发事件处置过程中，值班人员要与事发地管理段保持密切联系，跟踪了解事件进展；要及时传达上级指示、批示精神，通报有关情况，落实领导交办的事项，并做好详细记录。完成后要及时编写报告，经领导审定后向上级报告。

三、防汛值班制度

（一）值班规定

防汛值班实行每天一班制，时间从当日8时30分至次日8时30分。局机关实行领导带班、工作人员值班制度，带班领导为局领导，局机关有关部门参加防汛值班。每天由1名局领导带班，2名工作人员（其中必须包含1名防办或其他工程技术人员）值班。

(二)带班规定

(1)防汛办公室负责编制防汛值班安排表,带班领导有事不能带班时,由带班领导转告替班领导,并通知值班人员。防汛值班安排表应及时录入电子政务系统。县局值班人员于每日9时前,将当日值班安排录入黄河水利委员会值班系统。

(2)伏秋汛期和凌汛期,值班人员在防汛值班室值守。局机关带班领导在不影响工作的情况下,可不住宿办公室或者单设的值班室,但值班期间不得离开机关驻地,要保证手机24小时畅通,并能在短时间内到达办公室。

当出现下列情况之一时,局机关带班领导要住宿办公室或者单设的值班室:

①汛期:单位所在地启动防汛应急响应,省局启动防御大洪水运行机制,省局启动应急响应,省防指启动含有黄河防汛的应急响应,上级有要求或者发生突发防汛应急事件等情况,省局通知要求的其他情况。

②凌汛期:辖区黄河河道流凌及封河、开河期间,上级有要求或者发生突发防汛应急事件。

四、防汛业务常识

(一)四汛时限

汛期分为伏汛、秋汛、凌汛、桃汛。黄河上规定伏汛、秋汛从7月1日至10月31日(黄河上游9月底结束),前汛期7月1日至8月31日、后汛期9月1日至10月31日。凌汛发生在11月1日至次年3月31日,5个月;其中,黄河下游是12月至次年2月,3个月。每年3月底至4月初由于黄河上游凌汛开河,形成的洪水传播到下游,正是桃花盛开季节,故称桃汛。

(二)防汛水位

(1)汛限水位:指水库在汛期允许兴利蓄水的上限水位,也是水库在汛期防洪运用时的起调水位,每年汛前由相应权限的防汛抗旱指挥机构审批核定。

(2)设防水位:洪水接近平滩地,开始对防汛建筑物增加威胁,即为设防水位。达到该水位,管理人员要进入防汛岗位做好防汛准备。

(3)警戒水位:指江河漫滩行洪,堤防可能发生险情,需要开始加强防守的水位。

(4)保证水位:指保证堤防及其附属工程安全挡水的上限水位。洪水超过保证水位,防汛进入非常紧急状态,除全力抢险、采取分洪措施外,还须做好群众转移等准备。

(三)专业术语

百年一遇洪水:指在洪水流量频率分析中与累频1%相应、长时期平均每百年才出现一次的洪水。

洪水遭遇:干流与支流或支流与支流的洪峰在相差较短的时间内到达同一河段的水文现象。由于降雨时间、空间的变化和流域汇流状况的影响,洪水形成和传播往往有较大的变化:如果两个以上洪峰不同时到达某一河段,称之为错峰;如果几乎同时到达某一河段,称之为洪水遭遇。洪水遭遇时,洪峰流量、洪水总水量都有不同程度的叠加。在防洪规划设计中,常进行洪水遭遇的概率分析,再根据防护对象的防洪安全要求,选择适当的防洪标准。

错峰:两个以上水源地的洪峰在不同时间到达某一地点。①由于降雨分布和流域产流的条件各异,不同水源地的洪峰错开是很常见的,这叫自然错峰。②通过水库或其他调节水体的措施,使两个以上不同水源地的洪峰相遇的时间错开,也叫错峰。目前,黄河干支流上修建了不少大型水库,在洪水期间如上游洪水与下游洪水相遇,对黄河下游将造成威胁,这时可利用水库调节洪水,相机下泄,将洪峰错开,减轻下游负担。

流路:主流经过的位置。黄河下游游荡性河段河道内,当年和次年的主流线位置虽然经常发生变化,但从长期看水流仍有一定的基本流路,一般基本流路有两条,这两条基本流路往往如麻花的两股。

主流线:河流沿程各横断面中最大垂线平均流速所在点的连线。主流线反映了水流最大动量所在的位置,主流线的位置,随流量的变化而异,具有"低水傍岸,高水居中"的特点。

中泓:主流深泓点在河道中部。又称"大河居中""河走中泓",意即大溜在河道中央,不会冲击堤坝。

淜:在特定条件下,因河床床面沙波运动所引起的水面波动现象(黄河水流的特殊形态)。随着流速的增大,沙质河床床面形态不断变化,当形成逆行沙浪时,水面会产生相应的波动,呈现一连串波浪,并徐徐向上游方向传递,经过一段时间后逐渐消失,有时波峰重叠,波浪破碎呈开花状(称"开花浪"),并发出雷鸣巨响。据观察,淜常发生在弯道下游的直河段上。起淜处常形成一组 6～10 节浪峰,浪高一般 1～3 m。波峰波谷数目多为 9 节,又称"九节浪"。对航行有较大危害。

河势:河道水流的平面形势及其发展趋势。包括:河道水流动力轴线的位置、走向以及河湾、岸线和沙洲、心滩等分布与变化的态势。观测河势,分析研究河势演变,是治河防洪的一项重要工作。

河势观测:对河床平面形态、水流状态的观测。河势观测通常采取仪器测量和目估相结合的办法,绘制河势图。在图上标出河道水边线、滩岸线、主流线的位置,各股水流的流量比例,工程靠溜情况等。用以分析河势变化规律,开展河势预估,为河道整治和防汛抢险提供依据。

上提:大溜顶冲或靠溜的位置向岸线或工程上游发展。

下挫:也称"下滑""下延"。指工程或岸线的靠溜部位向下游发展。

顺堤行洪:洪水漫滩或串沟走溜引起堤河通过较大流量的现象。堤河附近的堤防或无防护工程,或虽有防护工程但未经过洪水考验,因而顺堤行洪往往严重威胁防洪安全,应加强防护。

顶托:支流水流被干流高水位所阻,形成的壅水现象。在黄河下游汇入的支流,如沁河、天然文岩渠、金堤河、大清河等,因干流河床淤高,遇黄河涨水,支流来水就受到顶托。

缓溜落淤:泥沙的沉降与流速有关,水缓则沙停。黄河下游常在串沟、堤河部分修筑透水柳坝、活柳坝、挂柳、抛柳树头等工程。以降低流速,促使落淤,均取得良好效果。

大溜:主流线带,居水流动力轴线主导地位的溜,即河流中流速最大、流动态势凶猛,并常伴有波浪的水流现象。亦称"正溜"或"主溜"。

大溜顶冲:大溜垂直或近似垂直冲向河岸、坝头或堤坝的迎水面。

　　回溜:水在前进中受阻时,发生回旋的水流现象。水流遇坝受阻后,在坝前坝后发生偏向岸边的回旋流,其局部流向往往与正溜相反,故又称"倒溜"。水流一般一分为三股,一股向前下泄(顺坝流);一股沿坝体逆流向上游(回流);另一股则垂直坝体下切。

　　回溜淘刷:回溜引起的局部冲刷。水流为丁坝所阻,部分主溜绕过丁坝下泄,上回流沿坝体迎水面逆流,下回流进入坝后。因坝轴线与主流线构成的交角不同,回溜的严重程度也不一样。靠近回溜区的地方,工程结构往往为土坝或根基甚浅的护坡,回溜淘刷容易形成根基下切、坦坡坍塌。

　　黄汶遭遇:黄河和山东省黄河支流汶河汛期同时发生洪水并相遭遇。由于洪量叠加,对东平湖围坝及艾山以下黄河堤防往往形成大的威胁。如1957年汛期,黄河、汶河洪水遭遇,造成小汶河分洪,稻屯洼被迫蓄洪1.85亿 m^3 ,东平湖老湖水位达44.06 m[超设计防洪水位(43.5 m)0.56 m]。3万人上堤抢加子埝,并准备爆破泄洪。黄河艾山站最大下泄流量也超过1万 m^3/s 。

　　黄沁并溢:当沁河与黄河同时发生洪水,由于黄河洪水顶托,沁河入黄泄水不畅,水位壅高,木栾店以下河段往往与黄河同时发生决溢。如清嘉庆二十四年(1819年),黄沁河同时发生洪水,造成黄河和沁河下游同时漫溢,并在武陟县马营堤决口成灾。

　　治导线:河道整治设计中,按整治后通过整治流量所设定的平面轮廓线。在进行河道整治规划设计时,权衡防洪、供水、航运等各方面的需要,设计一系列的正反相对应的弯道,弯道间以直线过渡段相连接。治导线的平面形态参数可用河湾间距(D)、弯曲幅度(P)、河湾跨度(T)、整治河宽(B)、直河段长度(L)、弯曲半径(R)及河湾夹角(α)等来表示。治导线是在分析河道基本流路的基础上经多方面权衡确定的。主要的依据有河势演变规律及发展趋势的研究成果,现有工程及天然节点靠河概率与控导作用的分析成果,国民经济各部门对河道整治的要求。

　　河道整治:为稳定河槽,或缩小主槽游荡范围,改善河流边界条件与水流流态采取的工程措施。黄河下游河道整治以防洪为主,兼顾保滩、引水、航运;以整治中水河槽,控制中水流路为目标,确定规划治导线,作为工程布设的依据。除加固原有的堤防险工外,在滩岸上修建了护滩控导工程170多处,坝垛3 000多道。高村以下500多 km 河段水流已基本得到控制,高村以上河段的河势也在逐步改善。

　　河道:河流的线路,通常是指能通航的河流。我国的《河道管理条例》规定,河道管理范围,除两堤之间外,还包括护堤地、行洪区、蓄洪区、滞洪区、无堤河段洪水可能淹及的地域等。

　　河槽:河流流经的长条状的凹地或由堤防构成的水流通道。也称"河床"或"河身"。通常将枯水所淹没的部分称为枯水河槽或枯水河床;中水才淹没的部分称为中水河槽或中水河床;仅在洪水时淹没的部分称为洪水河槽或洪水河床,包括滩地。黄河下游河槽为复式断面,在深槽的一侧或两侧,常有二级甚至三级滩地存在。

　　主槽:即中水河槽或中水河床,也称"基本河槽"或"基本河床"。径流汇集到河流中,一方面将挟带的大量泥沙堆积在河槽中,另一方面又不断冲蚀,维持一个深槽。由于中水较洪水持续的时间长,中水又较枯水的流速大,所以在中水时能推持一个较明显的深槽。黄河下游高村以上河段,洪水时水面宽度可达数千米乃至 10 km 以上,但实测资料表明,洪水时主槽宽度多在数百米至 1 500 m,主槽通过的流量常常占总流量的 80% 左右。近期,黄河下游因人类活动和天气形势的影响,中小水持续时间增长,水流挟沙能力较弱,泥沙多在主槽中淤积,有些河段形成"二级悬河",对防洪极为不利。

河道断面:沿河流某一方向垂直剖切后的平面图形。河道断面一般分为纵断面和横断面。

河道纵断面:沿河流深泓线垂直剖切的河道断面。深泓线指河流沿程各横断面上最深点的连线。河道纵断面由水面线和深泓河床线所组成,它是河底和水面高程沿程变化的曲线,常以纵坡或比降(参见"水面比降")加以概括。一般河流上游比降陡,下游比降缓,因而流速与水流输沙能力自上而下逐渐减小。黄河上游平均比降约为 1/1 000、中游为 1/1 400、下游为 1/10 000~1/8 000。

河底:水面以下的河床表面。黄河下游河底是泥沙堆积所形成的,冲淤变化很大。大水或清水引起冲刷,河底降低;小水或高含沙量洪水引起淤积,河底升高。

"悬河":"悬河"是河床高出两岸地面的河,又称"地上河"。黄河下游河道,上宽下窄,比降上陡下缓。由于大量泥沙淤积,下游河道逐年抬高,水位相应上升。为了防治水害,两岸大堤随之不断加高,年长日久,河床高出两岸地面,成为"悬河"。目前堤内滩面一般高出背河地面 4~6 m,部分河段高出背河地面 12 m,成为淮河和海河流域的分水岭。下游沿黄地区的城市均低于黄河河床,其中河南省新乡市地面低于黄河河床 20 m,开封市地面低于黄河河床 13 m,济南市地面低于黄河河床 5 m。

"二级悬河":黄河下游河道在中小洪水时,主槽发生淤积,河道内呈现出"槽高、滩低、堤根洼"的"二级悬河"。

弯曲性河道:由正反相间的弯河段和介于二者之间的过渡段连接而成的河道。弯曲型河道的外形与河流两岸的土质组成密切相关。在抗冲性较强的河段多形成弯曲半径较大的缓弯;在易冲刷土质的河段弯道可以自由发展成蜿蜒形。弯曲性河道在变形过程中河宽和水深的比例关系变化不太大。整个河道呈向下游蠕动的趋势。黄河下游阳谷县陶城铺至利津县宁海河段,长 322 km,为弯曲性河道。

游荡性河道:河槽宽浅、主流位置迁徙不定,河心沙滩较多,水流散乱的河道。游荡性河道具有变化速度快、变动幅度大的特点,形成的主要原因是,两岸土质疏松易于冲刷;水流含沙量大易于淤积;洪水暴涨暴落,流量变幅大。游荡性河道对防洪极为不利,易于发生险情,危及堤防安全。黄河下游孟津县白鹤镇至东明县高村河段是典型的游荡性河段。这段河道长 299 km,宽度一般在 10 km 左右,最大超过 20 km,而水面宽一般 2~4 km。主流变化无常,有的一昼夜内主流左右摆动竟达 6 km。河道宽浅,溜势散乱,常发生"斜河""横河",顶冲堤防、险工,造成重大险情。若抢护不及时,就有冲溃堤防的危险。

过渡性河道:河道外形及其变化特性介于游荡性、弯曲性之间的河道。过渡性河道在不同的河段、不同的时间表现为游荡性或弯曲性,其游荡的强度和幅度一般较游荡性河道小,河势也比游荡性稳定。黄河下游东明县高村至阳谷县陶城铺河段,长 165 km,为过渡性河道。

水流挟沙能力:在一定的河床边界及水流条件下,能够通过河流断面下泄的推移质和悬移质中的床沙质数量。推移质和悬移质在输移过程中,与河床中泥沙不断交换,因此水流挟带床沙质的数量,经过一定距离后即达到饱和,这个饱和含沙量就是水流挟沙能力,常用单位为 kg/m^3。

工程布局:河道整治工程在平面上的整体布置。包括一段河道上下游、左右岸各组工程线的布设情况及相对应关系,一组工程的平面位置线的形式、长度和该组工程内各坝垛平面形式及其相互关系。

工程位置线:同"整治工程位置线"。一处河道整治工程设定的坝、垛头部的连线。简称"工程线"或"工程位置线"。它是依照治导线轮廓经过调整而确定的复合圆弧线。工程布设往往将中下段与治导线吻合,上段向后偏离治导线,以利接溜入湾,以湾导溜,防止水流抄工程后路。

凹入型工程:平面外形向背河侧凹入的河道整治工程。方向不同的来溜入湾后,水流流向逐渐调整,控导出湾溜势稳定一致。这种工程布局,控导河势能力强,在黄河下游河道整治工程实践中广泛采用。

凹岸:河流弯曲河段岸线内凹的一岸。凹岸通常受主溜冲刷,水深、流速较大。

裁弯:在自然力或人力干预的条件下,水流放弃原弯道而循捷径下泄的演变过程。河湾在自然演变过程中,由于凹岸不断淘刷和凸岸不断淤积,同一岸相邻两个弯道之间的距离逐渐缩短,而弯曲幅度增大,水位差也显著加大,一遇大水,漫滩水流循捷径发生强烈冲刷,逐渐发展为新河,这就是自然裁弯。若在两河湾之间的滩地上开挖引河,并在上弯道同时采取挑溜或堵截等措施,强迫水流循捷径下泄,则是人工裁弯。

险工工程:为了提高堤防防御洪水的能力,在经常靠水堤防的堤段有计划地修建的防护工程。

控导工程:为约束主流摆动范围、护滩保堤,引导主流沿设计治导线下泄,在凹岸一侧的滩岸上按设计的工程位置线修建的丁坝、垛、护岸工程。黄河下游仅在治导线的一岸修筑控导工程,另一岸为滩地,以利洪水期排洪。

水边线:水面与河岸的交界线。

岸滩:同"边滩"。河槽中与河岸相接,一般洪水时淹没,枯水时出露的滩地。

鸡心滩:在河槽中,面积较小而状如鸡心的河心滩。

嫩滩:在河槽内,经常上水,时冲时淤,杂草又难以生存的滩地,俗称"嫩滩"。

滩唇:主槽两侧较高的滩岸边缘地带。洪水漫滩后,流速减小,粒径较粗的泥沙首先在滩地边缘沉积,淤积量比较大;远离主槽的滩面淤积量逐渐减小,因而在主槽边缘的滩地上逐渐形成高出附近滩面的自然沙埂。

漫滩:水位上涨,滩地逐渐被淹的现象。

串沟:水流在滩面上冲蚀形成的沟槽。黄河下游较固定滩地上的串沟多与堤河相连,洪水漫滩,则顺串沟直冲大堤,甚或夺溜而改变大河流路。

脱河:主溜离开工程,在工程与主溜之间出现滩地的现象。

滚河:河流主槽在演变的过程中,发生大体平行于原主槽的位置迁移,即洪水期主溜在两堤之间突然发生长距离摆动的现象。黄河下游河道在中小水时,主槽发生淤积。在洪水漫滩后,颗粒较大的泥沙首先在滩唇沉积,淤积的速度快且量大,而远离滩唇的部位沉沙逐渐减少,再因培堤在临河滩面上取土,降低了堤根的地面高程,形成槽高、滩低、堤根洼的"二级悬河"。在这样的河床形态下,偶遇大水,则因滩面横比降较主槽纵比降陡,水流直冲堤河,顺堤行洪,使主槽位置发生迁移形成滚河。这种滚河对防洪威胁最大,需采取工程措施加以预防。

横河和斜河:横河是在未整治或整治工程不得力的游荡性河段,主溜以大体垂直于河道的方向顶冲滩岸或直冲大堤的河势。

斜河是大溜以与河道有较大的夹角的方向顶冲堤岸的河势。这种不正常河势,与河道工程设计构思往往有较大的差别,给工程防守带来极大困难。

冰坝:河道封冻开河时,大量流冰在狭窄、弯曲河段或浅滩处受阻,冰块上爬下插,大量堆积起来,形成"冰坝",严重堵塞河道过水断面,使来水来冰不能下泄,上游水位急剧涨高,造成漫滩偎堤的严重凌情。

卡冰:也称"插冰"。河道解冻开河时,大量冰块随水流下泄,在窄弯河段,在水流动力作用下,有大量冰块被推挤入水内,卡塞河道过流断面,阻滞来水来冰下泄,壅高水位并形成河槽蓄水。

开河期:春初,气温升至 0 ℃以上,封河冰开始融解;气温继续升高,冰盖脱边、滑动,封冰解冻开河。据观测资料统计,黄河下游解冻开河最早在 1 月上旬,最晚在 3 月中旬。

文开河:以热力作用为主形成的融冰开河。河道封冻后河槽蓄水量不大,冰量较少;当日平均气温升至 0 ℃以上且持续时间较长,日照和辐射热增强,水温升高,封冻自上而下开始融解,冰质减弱;在来水流量不大、水热比较平稳的情况下,逐段解冻开河,冰水安全下泄。

武开河:以水力作用为主的强制开河现象。河道封冻期间,由于上下河段气温差异较大,封河后的冰厚、冰量、冰塞等也有差异。春初,气温升高,上段河道封冻先行解冻开河,封冻期河槽积蓄的水量急剧下泄,形成凌汛洪水,洪峰流量沿程递增,水位上涨。这时下段河道因气温仍低,冰凌固封,在水流动力作用下,水鼓冰开。此种开河有时大量冰块在窄弯或浅滩河段阻塞,形成冰坝,水位陡涨、漫滩偎堤,即成严重凌汛,如防御不及甚至酿成决溢灾害。

裹头:堵口之前,先将口门两边的断堤头用料物修筑工程裹护起来,防止继续冲宽、扩大口门。是堵口前的一项重要工程。

进占:堵口筑坝时,以桩绳拴系薪柴,其上压土石沉入水中,向预定方位节前进,也叫出占。

合龙:凡堵塞口门垂合中间一埽为合龙,或叫合龙门。

抄后路:由于河势变化或河道整治工程上首位置布设不当,河在工程以上滩地淘刷坐弯,各坝自上而下逐一被大溜冲垮或置于大河中间的现象。

养水盆:合龙后,口门外的跌塘,用堤围,称为水盆,以减正坝的水压力。

闭气:堵口合龙后,呈滴水不漏的现象。正边坝合龙后,占体场缝还会透水,应赶紧浇土填筑土柜和后戗,使之尽快断绝漏水。

班坝责任制:班组或个人分工管理与防守险工和控导工程的责任制度。主要是根据工程长度和坝垛数量以及防守力量等情况,把管理和防守任务落实到班、组或个人,并提出明确的任务和要求,由班组制订实施计划,认真落实,确保工程的完整与安全。

岗位责任制:各级防汛办事机构,为调动工作人员积极性、认真负起责任而建立的严格在岗工作责任制度。它把各项任务具体落实到单位和个人,明确提出职责和工作要求,做到事有专责,赏罚严明。

黄河三角洲:滔滔黄河,奔腾东流,挟带着黄土高原的大量泥沙,在山东省垦利县注入渤海。在入海的地方,由于海水顶托,流速缓慢,大量泥沙便在此落淤,填海造陆,形成黄河三角洲。

黄河从1855年在兰考铜瓦厢决口北徙,由原来注入黄海改注入渤海,经过百年来的沧海变化,才塑造出这个近代三角洲。黄河口位于渤海湾与莱州湾之间,是一个陆相弱潮强烈堆积性的河口,其特点是水少沙多,泥沙大部分不能外输。据水文资料记载,黄河口多年平均径流量420亿 m^3,多年平均输沙量12亿 t,大部分就在河口和滨海区"安家落户"。黄河三角洲一般是指以垦利县宁海为顶点,北起徒骇河口,南至支脉沟口的扇形地带,面积5 400多 km^2。20世纪50年代采取工程控制,使三角洲顶点下移至渔洼附近,缩小了三角洲的范围,加快了河道延伸速度,平均每年造陆31.3 km^2,海岸线每年向海内推进390 m,黄河填海造陆的功绩是很大的,不仅每年可以为我们创造4万多亩土地,而且还改善了河口石油开采条件,变海上开采为陆地开采。

黄河三角洲地域辽阔,自然资源丰富,是一块有待于开发的处女地。新中国成立以后,农林牧渔业有了较大发展,在三角洲上相继建立了一些农场、林场和军马场,特别是从20世纪60年代开始,陆续开发了胜利、孤岛、河口等油田,成为我国第二大油田。1983年10月,经国务院批准设立了东营市,标志着黄河三角洲的开发建设进入了一个新阶段。

第二节　防汛指挥调度

一、黄河下游防洪任务

防御花园口站22 000 m^3/s 洪水,经东平湖分洪,控制艾山站下泄流量不超过10 000 m^3/s,确保堤防安全,遇超标准洪水,尽最大努力缩小灾害。东平湖蓄洪水位为保证44.0 m,争取44.5 m,大清河防御尚流泽站7 000 m^3/s,确保南堤安全。

二、防汛机构调度规定

(一) 当河道发生编号洪峰以下的小洪水时

防汛日常工作由防指办公室负责,当个别滩区发生漫滩或防洪工程出现重大险情时,各级防指副指挥视情到本级防汛指挥中心指挥,防指有关成员单位根据分工做好群众迁安、物资供应、交通保障等工作。各级防办视情成立职能组开展工作,及时向防指和上级防指(总)报告。各级防指视情派出防汛督察组,对防汛抗洪工作进行督察。

(二) 当河道发生中常洪水时

各级防指指挥、副指挥视情到本级防汛指挥中心指挥抗洪工作。各级防办充实力量,视情按防御大洪水的机构设置和人员分工开展工作,及时向当地政府和上级防指(总)报告汛情。各级防指派出防汛督察组,对防汛抗洪工作进行督察。

(三) 当河道发生较大洪水时

各级防指指挥、副指挥及领导成员在本级防汛指挥中心指挥抗洪工作,及时进行防汛会商,研究部署防汛抗洪工作,组织协调防指各成员单位,按照防汛职责分工开展工作。各级防办进一步加强力量,按防御大洪水的机构设置开展工作,提出迎战洪水和防汛抢险的措施意见,当好各级领导的参谋。必要时抽调防指各成员单位的业务人员,加强防办的力量。各级防指派出防汛督察组、抢险工作组,对防汛抗洪工作进行督察指导。

(四) 当河道发生大洪水时

省防总总指挥、副总指挥及领导成员到省防汛指挥中心集体办公,及时进行防汛会商,研究部署防汛工作,对防洪的重大问题作出决策和部署,及时解决防汛抗洪中的问题。由省领导带队,成立一个或多个前线指挥部,赴重点防洪河段,现场指挥抗洪抢险。

各市、县(市、区)党政主要负责同志,立即到位领导抗洪斗争,并按预案抽调人员加强防汛办事机构,严格执行防汛责任制,搞好工程防守。各类防洪工程都要落实领导干部承包责任制,做到分工明确,各负其责。

(五) 当河道发生特大洪水时

发生本级洪水时,防汛抗洪成为全省的中心任务,需全党全民齐动员,全力以赴投入抗洪斗争。省委、省政府、大军区、省军区及省直有关部门主要负责同志组成强有力的抗洪指挥中心,及时作出重大决策。由省委、省政府负责同志带队,成立一个或多个前线指挥部,分赴重点防洪河段,现场指挥抗洪抢险。各市、县(市、区)均应以党、政、军主要负责同志为主,组成前、后方两套领导班子,指挥抗洪抢险。

三、各级洪水处理原则

(一) 黄河下游洪水的处理原则

对防御标准内的洪水,首先要充分利用河道排泄,对超过河道排洪能力的部分,据情运用东平湖水库分滞洪水;对超标准洪水,除采取以上措施和运用北金堤滞洪区等工程分滞洪水外,还需据情运用北展宽区分滞洪水,牺牲局部,保全大局,尽量减少洪水灾害。

(二) 大清河及东平湖洪水的处理原则

大清河防御标准以内的洪水,充分利用河道汇入东平湖老湖。东平湖水库分滞黄、汶河洪水时,应充分发挥老湖的调蓄能力,尽量不用新湖;当老湖确不能满足分滞洪要求,需新、老湖并用时,应先用新湖分滞黄河洪水,以减少老湖淤积。

四、防洪工程调度权限

(1) 三门峡水库由黄河防总负责调度,三门峡水利枢纽管理局负责组织实施。

(2) 小浪底水库由黄河防总负责调度,小浪底建设管理局负责组织实施。

(3) 故县、陆浑、河口村等水库由黄河防总负责调度,故县水利枢纽管理局、陆浑水库管理局、河口村水库管理局分别负责组织实施。

(4) 东平湖水库分洪由黄河防总商山东省人民政府确定,黄河防总下达分泄洪命令,山东省防指负责组织实施。分洪运用命令和泄洪命令,由黄河防总总指挥或常务副总指挥签发,具体调度由山东省防指组织实施。东平湖水库分、泄洪闸的控制运用,闸前围堰和二级湖堤的爆破,由东平湖防指具体负责。司垓退水闸的运用,由黄河防总提出运用意见,报国家防总批准后,山东省防指组织实施。

(5)北金堤滞洪区运用由黄河防总提出运用意见,报请国务院批准后,河南省防指负责组织实施。分洪运用命令和张庄闸泄洪命令,由黄河防总总指挥签发。

五、防汛队伍调度权限

(一)专业机动抢险队的调用原则、审批权限

专业机动抢险队参加辖区内黄河工程抢险,由市防指办公室向抢险队下达调度指令,并报省黄河防办备案。省内跨市参加黄河工程抢险,由省黄河防办向市防指下达调度命令或批准,市防指办公室向抢险队下达调度指令。跨省、跨黄河流域调动,由黄河防总办公室下达调度命令或批准,市防指办公室向抢险队下达调度指令。

(二)群防队伍的调用原则、审批权限

按民兵管理模式,就近成建制上防,先上一线,后上二线;重点河段、重要工程、险点险段及重大险情抢护时,民兵抢险队和企业抢险队可跨地区支援。基干班负责巡堤查险和料物运输,上堤数量根据堤根水深、后续洪水和堤防强度确定。对淤背已达到标准的堤段,可视情减少基干班上防数量。抢险队、护闸队等其他群众队伍,根据洪水偎堤及出险情况上堤参加防守抢险。群众防汛队伍上堤情况逐级上报省黄河防办备案,防汛队伍撤防的审批权限与上防审批权限相同。

(三)请求解放军支援的程序

由县黄河防汛指挥部提出请求,逐级上报至省防指,省防指与有关部队协商,由省防指根据需要向有关部队提出申请,由部队根据有关规定办理。

(四)武警部队参加抢险的调用程序

由县黄河防汛指挥部提出申请,由上级防指协调武警部队支援,按照武警部队的调用程序办理。

(五)企业抢险队参加抢险的调用程序

由县黄河防汛指挥部提出请求,上报至县防汛抗旱指挥部,经批准备案,由县黄河防汛指挥部发出调度指令。

(六)人员防守

(1)当预报黄河洪水将达到警戒水位或可能漫滩时,各级政府负责人要到第一线指挥,在各类防洪工程适当设防,提前预置抢险力量、料物、设备,及时启动应急响应,组织队伍开展巡查值守,做好应急抢险和人员转移准备。

(2)当预报洪水将威胁滩区、蓄滞洪区群众安全时,当地政府要根据迁安救护方案,及时组织群众转移至安全地带,并做好生活安排。

(3)洪水偎堤后,县、乡政府(街道)要根据黄河防汛预案,组织防汛队伍巡堤查险,抢护险情。

(4)在紧急防汛期,各级政府要组织动员辖区内各有关单位投入防汛工作。所有单位必须听从指挥,承担相应防汛任务。

(5)临黄堤的设防,由黄河防办根据堤根水深、后续洪水和堤防工程强度等情况,提

请市、县(市、区)政府适时调集群众防汛队伍上堤防守查险。上堤基干班数可参照表11-1执行,其他堤防可参照执行。洪峰过后,视河道水位回落情况逐步撤防,撤防的审批权限与上防审批权限相同。

表 11-1 临黄堤群众防汛队伍上防标准

偎堤水深		0.5~2 m	2~4 m	4 m 以上
上防班数 (班/km)	已淤背堤段	1~2	3~4	5~6
	未淤背堤段	1~2	3~6	7~10
批准权限		县级防指		市级防指

(6)群众防汛队伍上堤后,要严格按照《山东省黄河防汛巡堤查险办法》等规定进行巡堤查险,黄河河务部门负责技术指导。大洪水期间,要加强对重点防洪工程、水闸等的巡查和防守,必要时,实行24小时不间断巡查防守。

六、防汛物资调度权限

防汛物资一般分为四类:中央级防汛储备物资、国家常备防汛物资、社会团体储备物资和群众备料。为做好防汛抢险的物资供应工作,各级防汛办公室按照管理权限负责所辖范围内防汛物资的调度。各级防汛办公室在汛前都要制订本级防汛物资调度预案,做好防汛物资调度准备工作。

(一)中央级防汛储备物资调用原则和程序

按照"先近后远、满足急需、先主后次"的原则调度中央级防汛储备物资。

由流域机构或省级防汛指挥部向国家防汛抗旱总指挥部办公室提出申请,经国家防汛抗旱总指挥部办公室批准同意后,向代储单位(定点仓库)发调拨令。若情况紧急,也可先电话联系报批,然后补办文件手续。申请调用防汛储备物资的内容包括用途、需用物资品名、数量、运往地点、时间要求等。

(二)国家常备防汛物资的调用原则

为了保证防汛抢险的应急物资供应,各防汛机构都设有防汛物资仓库并常年存有一定数量的物资。这些物资由防汛机构直接管理,在抗洪抢险中往往首先到达抢险工地,在抢险中发挥应急作用。

国家常备防汛物资的调用坚持"满足急需、先主后次、就近调用、早进先出"的原则进行,各级防汛办公室有权在所辖范围内调整防汛物资,在本级储备物资不能满足时可向上级部门提出调用申请,申请的内容包括防汛物资用途、品名、规格型号、数量、运往地点、时间要求等。若情况紧急,可先电话申请,然后及时补办手续。

各级黄河河务部门负责国家常备防汛物资的调度运用。汛期在本县范围内动用国家常备防汛物资,由县黄河(东平湖)防汛办公室负责调拨,并报上级黄河防办备案;在本市范围内县与县之间调拨,由市黄河防办负责,并报省黄河防办备案;各市之间的调度,由省黄河防办负责。在国家常备防汛物资调度运用过程中,一般险情,按批准的抢险电报动用;遇重大紧急险情,可边用料、边报告;随使用、随补充,满足抢险要求。动用中央防汛物资,由省防指向国家防办提出申请,经国家防办批准后调用。

(三)社会团体储备物资调用原则

社会团体储备物资和群众备料的调用,本着"属地管辖"的原则,由同级防汛抗旱指挥部负责调拨。必要时上级防指(总)可调用下级防指所管辖的防汛物资。

(四)群众备料调用原则

群众备料调用原则指沿黄群众根据防汛部署储备的防汛物资。县级以上群众备料防指根据抢险需要,负责本辖区的料物调度。

(五)洪水期间各类物资的调用

当发生险情时,抢险物资供应首先以国家常备料物为主,其次由当地防指视情调用社会团体和群众备料。国家常备料物和社会团体与群众备料不能满足需要时,流域机构或省防指(总)向国家防总提出申请,调用中央防汛储备物资;或由经贸部门负责社会防汛物资进行应急生产。

专业机动抢险队配备的设备、料物由省防办统一调度。各级企事业单位和部队上堤执行抗洪抢险任务,所需的交通工具、通信设备、小型工具、爆破器材和生活用品等,原则上自行保障,自身携带不足的部分由当地防汛指挥部协助解决。抢险工具、料物由当地防汛指挥部负责供应。

除上述正常防汛料物调度管理外,在紧急状态时,需要临时迅速筹集的防汛料物,由当地黄河防办提出需求,由前线防汛抢险行政首长负责组织实施。

七、黄河下游洪水不同量级调度运用

分滞黄河洪水运用方案:花园口站发生 10 000 m^3/s 以上洪水,预报孙口站洪峰流量不超过 10 000 m^3/s 时,充分利用河道下泄洪水。孙口站出现 10 000 m^3/s 以上洪水时,由黄河防总商山东省政府决定,相机运用东平湖分洪。预报最大分洪流量小于 3 500 m^3/s 时,原则上只运用老湖分洪。预报最大分洪流量大于 3 500 m^3/s 或小于 5 000 m^3/s 洪水时,原则上只运用新湖分洪。预报最大分洪流量大于 5 000 m^3/s 时,原则上新、老湖并用分洪。

防御花园口站各级洪水实施步骤,按洪水大小分为六级:花园口站 4 000 m^3/s 以下、花园口站 4 000~6 000 m^3/s、花园口站 6 000~10 000 m^3/s、花园口站 10 000~15 000 m^3/s、花园口站 15 000~22 000 m^3/s、花园口站 22 000 m^3/s 以上超标准洪水。区间洪水流量按照上限流量部署防汛工作。对每级洪水,都要明确防汛调度责任分工,采取相应的调度措施及实施步骤。

(一)花园口站发生 4 000 m^3/s 以下洪水

山东省河道除少量低滩区可能串水外,洪水通过河槽排泄,防汛处于正常状态。日常防汛工作由山东黄河河务局(简称省河务局)负责,即由省黄河防汛办公室(简称省黄防办)成员单位(部门)负责。

(二)花园口站发生 4 000~6 000 m^3/s 洪水

此级洪水进入山东省的河道流量一般为 2 000~4 000 m^3/s,如流量较大,山东省部分滩区漫滩,部分堤根偎水,大部河段超过警戒水位,防汛处于警戒状态。防洪调度主要由省河务局负责。

(三)花园口站发生 6 000~10 000 m³/s 洪水

此级洪水到达山东省高村站一般为 5 000~8 000 m³/s,山东省滩区将大部分漫滩,高水位持续时间长,防汛处于紧张状态。

调度责任人:省防指常务副指挥(副省长)、副指挥(省河务局局长)。主持召开防洪会商会议,处理有关抗洪抢险事宜,签发防洪调度命令,向黄河防总、省委、省政府报告抗洪抢险工作情况。

(四)花园口站发生 10 000~15 000 m³/s 洪水

此级洪水山东省滩区全部漫滩,堤防全部偎水,防洪处于严重状态,为控制艾山站流量不超过 10 000 m³/s,除充分利用河道排洪外,将根据洪水情况确定是否运用东平湖水库。

调度责任人:省防指指挥、常务副指挥。主持召开防汛会商会议,部署抗洪抢险工作,研究东平湖水库是否运用及运用方式,签发各种调度命令、指示,向国家防总、黄河防总报告黄河抗洪抢险工作等。

(五)花园口站发生 15 000~22 000 m³/s 洪水

此级洪水到达山东省高村站流量可达 13 000~20 000 m³/s。为控制艾山站下泄流量不超过 10 000 m³/s,确定东平湖水库分洪时机及运用方式。防洪处于紧急状态。

调度责任人:省防指指挥、常务副指挥。主持召开防汛会商会议,部署抗洪抢险工作,研究东平湖水库运用及运用方式,签发各种调度命令、指示,向国家防总、黄河防总报告黄河抗洪抢险工作等。

(六)花园口站发生 22 000 m³/s 以上洪水

此级洪水超过现有防洪标准,山东省黄河防洪处于危急状态,需全民动员,决一死战。除运用东平湖分洪外,将根据水情确定是否运用北金堤滞洪区和北展宽区分滞洪水。

调度责任人:省委书记、省长。主持召开防汛会商会议,部署抗洪抢险工作;研究东平湖水库运用及运用方式;研究确定北展宽区运用;签发各种调度命令、指示;向国家防总、黄河防总报告黄河抗洪抢险工作等。

八、东平湖滞洪区防洪运用方案

(一)老湖运用指标

防洪运用水位为 43.22 m,特殊情况下提高到 44.72 m;警戒水位 41.72 m。前汛期(7 月 1 日至 8 月 31 日)汛限水位 40.72 m,相应库容 4.11 亿 m³;后汛期(9 月 1 日至 10 月 31 日)汛限水位 41.72 m,相应库容 5.70 亿 m³,8 月 21 日起老湖水位可以向后汛期汛限水位过渡。

(二)新湖运用指标

防洪运用水位为 43.22 m。

(三)防洪调度权限

仅大汶河发生洪水,东平湖老湖水位低于 41.72 m,东平湖的调度工作原则上由黄河河务部门负责,组织查险、抢险,但当河势突变,造成漫滩或出现较大以上险情,当地市、县政府、防指领导要靠前指挥,及时组织抢险救灾,必要时调集群防队伍和武警部队参与抢险救灾;老湖水位超过 41.72 m,低于 43.22 m,东平湖的调度工作由省黄河防办提出调度运用意见,报黄河防总办公室同意后,由省黄河防办组织实施;东平湖老湖水位达到或超过 43.22 m,省防指提出调度运用意见,报黄河防总批准后,由省防指组织实施。

（四）蓄滞大汶河洪水运用方案

（1）当大汶河发生较大洪水,预报老湖水位超过 41.72 m、低于 42.22 m 时,防汛处于警戒状态。

大汶河全流域降雨时,东平湖防指办公室根据省黄河防办发布的水情通报,通知东平县东平湖防指、黄河防指做好大汶河下游和老湖区的堤防防守,并据情组织队伍上防。

各级防指办公室人员坚守岗位,认真值班,及时掌握情况;业务部门加强水情、工情观测;机动抢险队做好抢险准备。

如老湖北排入黄无顶托,东平县黄河防指根据上级指令及时开启陈山口、清河门、庞口闸泄流入黄。

东平县黄河（东平湖）防指办公室按有关规定及时向东平湖防指办公室报告情况,处理有关防汛问题。

（2）预报老湖水位达到或超过 42.22 m、低于 43.22 m 时,防汛处于紧急状态。

根据省黄河防办发布的水情通报,东平湖防指指挥或常务副指挥主持召开防汛会商会议,部署抗洪抢险工作。

东平湖防指办公室按照防御大洪水机关人员安排意见组成综合调度、水情、工情、物资供应、政治宣传、后勤保障、通信保障、防汛督查 8 个职能组,抓好各项工作,及时向省黄河防办报告防洪部署等情况。

如老湖北排入黄无顶托,东平县黄河防指根据上级指令及时开启陈山口、清河门、庞口闸泄流入黄。

做好东平湖老湖区群众撤迁准备,老湖水位达到 42.72 m 时,东平县防指立即组织老湖区老、弱、病、残人员提前撤离;当省防指下达撤迁命令后,18 小时内老湖区撤迁任务要全部完成,并做好清湖工作,同时每 2 小时一次向东平湖防指上报撤迁情况。

泰安、济南两市防指按照省防指命令,加强对大汶河干支流水库、闸、坝等工程调度,减轻东平湖防洪压力。泰安、济南两市水务、气象部门加强水雨情预测预报。

做好工程防守和物资供应等工作。

（3）预报老湖水位达到或超过 43.22 m、低于 44.72 m 时,防汛处于危险状态。

东平湖防指负责指挥东平湖抗洪和抢险工作。

根据省黄河防办发布的水情通报,东平湖防指指挥长主持召开防汛会商会议,部署抗洪抢险工作。东平湖防指办公室按照防御大洪水要求组织 9 个职能组开展工作。

东平县黄河防指进一步做好陈山口、清河门、庞口闸泄流入黄工作。

按照省防指撤迁命令,东平县 18 小时内完成老湖区撤迁任务,并做好清湖工作。上级决定动用新湖区蓄滞洪水时,东平、梁山两县政府按照命令,24 小时内完成新湖区群众撤离任务及清湖工作,每 2 小时一次向东平湖防指上报撤迁情况,并做好外迁群众的生活保障、卫生防疫等工作。

老湖水位达到 43.22 m 时,根据来水和泄洪情况,省防指下达利用南水北调济平干渠紧急泄洪命令。4 小时内开启陈山口引水闸泄洪,并在姜沟浮桥处破除引水渠道左堤泄水入黄。

根据大汶河来水情况,预报老湖水位超不过 44.22 m 时,视情确定金山坝是否破除,东平县政府应提前将保护区内群众迁出,确保安全;预报老湖水位可能超过 44.22 m、在老湖水位达到 43.22 m 时,由省防指下达破除金山坝命令,根据《东平湖滞洪区行洪障碍爆破方案》,口门南端距二级湖堤堤脚 940 m,口门宽度 500 m,完成金山坝口门爆破需用时 26 小时,省防指要提前下达破除金山坝的命令。爆破口门的设计、药室布置、开挖、装药引爆等均由北部战区某旅负责,东平县黄河防指协助。东平湖段 220 国道实行交通管制,禁止非防汛抢险、群众迁安救护车辆通行。

接到水情预报后,按照上级指令,24 小时内东平县东平湖防指做好八里湾闸运用准备,梁山县东平湖防指做好司垓闸运用准备。

南水北调东线八里湾、邓楼船闸及沿线输水工程做好向南四湖应急泄水的准备。

泰安、济南两市防指按照省防指命令,加强对大汶河流域水库、闸、坝等工程调度,减轻东平湖防洪压力。泰安、济南两市水务、气象部门加强水雨情预测预报。

做好工程防守和物资供应等工作。

(4)当预报老湖水位将超过 44.72 m 时,防汛处于危急状态。

由省东平湖前指指挥抗洪抢险工作,东平湖防指具体组织实施。东平湖防指办公室综合调度、水情、工情、分洪排水、物资供应、政治宣传、后勤保障、通信保障、防汛督查 9 个职能组开展工作。

接到水情预报后,东平湖防指 6 小时内做好八里湾闸运用准备,接到省防指下达的分洪命令后,立即开启八里湾闸向新湖区分洪,并根据实际来水和滚动预报情况,对八里湾闸提出实时调度意见,报省防指批准后实施。同时,根据来水情况做好破除二级湖堤分洪口门的准备工作,当八里湾闸不能满足分洪需要时,计划破除口门 2 处,每处口门宽 40 m,两口门中心桩号分别为 10+127 和 10+267,按省防指下达的命令提前 2 小时完成准备任务,准时执行爆破命令。爆破口门的设计、药室布置、开挖、装药引爆等均由北部战区某旅负责完成,东平县东平湖防指协助。

八里湾船闸做好分洪运用准备,按照上级调度指令泄洪,南水北调东线山东干线有限责任公司在接到命令后,6 小时内实施完成新湖区内输水渠堤过洪口门爆破。

接到上级命令后,梁山县东平湖防指在 24 小时内做好司垓闸运用的准备,迅速组织力量挖通司垓闸下游引河,按照上级调度指令及时开启司垓闸向梁济运河泄水。

泰安、济南两市防指按照省防指命令,加强对大汶河流域水库、闸、坝等工程的调度,减轻东平湖防洪压力。泰安、济南两市水务、气象部门加强水雨情预测预报。

做好工程防守和物资供应等工作。

(5)洪水回落后防守。

当东平湖水位回落至 41.72 m 以下时,东平湖防洪调度运用结束。东平湖防指继续做好有关工程的观测与防守,相关市、县政府组织好排水和救灾等善后工作。

九、防汛会商相关内容

由于气象、水文等自然现象随机性很大,在现有技术条件下我们还不可能准确地预报降雨和洪水,所以给防汛指挥带来很大的困难。因此,在防汛指挥决策过程中,必须召集涉及防汛的有关方面的专家,对指挥调度方案进行会商分析,做出准确的决策。防汛会商是防汛指挥机构集体分析研究决策重要洪水调度和防汛抢险措施的手段。

(一)会商形式和类型

在多年防汛工作实践中,各级防汛指挥机构逐渐形成了一套会商制度。进入汛期后,各地根据天气和水情变化,不定期地召集水文、气象等部门举行会商会议。进入主汛期后,如果汛情严峻,各级防汛指挥机构定时召开防汛会商会议,通报汛情形势和防汛工作情况,对一些重大问题进行会商决策。

防汛会商一般采用会议方式,多数在防汛会商室召开,特殊情况下也有现场会商,随着信息化的建设和发展,也采用电视电话会商、远程异地会商。

会商类型,按研究内容可分为一般汛情会商、较大汛情会商、特大(非常)汛情会商和防汛专题会商。

1. 一般汛情会商

一般汛情会商是指汛期日常会商,一般量级洪水、凌汛、海浪发生时,对堤防和防洪设施尚不造成较大威胁时,防汛工作处于正常状态。但沿堤涵闸、水管要注意关闭,洲滩人员要及时转移,防汛队员要上堤巡查,防止意外事故发生。

2. 较大汛情会商

较大汛情会商是指较大量级洪水、凌汛、海浪发生时会商,此种情况洪峰流量达到河道安全泄量,洪水或海浪高达到堤防设计高程。部分低洼堤防受到威胁,抗洪抢险将处于紧张状态。水库等防洪工程开启运用,需加强防守,科学调度。

3. 特大(非常)汛情会商

特大(非常)汛情会商是指特大(非常)洪水、凌汛、海浪发生时,洪峰流量和洪峰水位或海浪高超过现有安全泄量或保证水位的情况下的会商。此时,防汛指挥部要宣布辖区内进入紧急防汛期,为确保人民生命财产安全,将灾害损失降到最低程度。要加强洪水调度,充分发挥各类防洪工程设施的作用,及时研究蓄滞洪区分洪运用和抢险救生方案。

4. 防汛专题会商

防汛专题会商研究防汛中突出的专题问题,如工程抢险会商,重点研究抢险措施。洪水调度会商,重点研究决定水库、蓄滞洪区的实时调度方式。避险救生会商,重点研究山洪、垮坝、溃垸时救生救灾措施等。

汛情分析重点汇报气候、水情方面;抢险措施研究,重点汇报工情和险情抢护技术;洪水调度重点研究水库、泄洪道、蓄洪滞洪情况等。

(二) 会商程序

1. 一般汛情会商

1) 会商会议内容

听取气象、水文、防汛、水利业务部门关于雨水情和气象形势、工程运行情况汇报,研究讨论有关洪水调度问题,部署防汛工作和对策,研究处理其他重要问题。

2) 参加会商的单位和人员

会议主持人为防汛抗旱指挥部副指挥长或防汛抗旱指挥部办公室主任。水行政主管部门,水文、气象部门负责人测报人员,防汛技术专家组组员,其他有关单位和人员可另行通知。

3) 各部门需办理的事项和界定责任

水文部门及时采集雨情、水情,做出实时水文预报;按规定及时向防汛抗旱指挥部办公室及有关单位、领导报送水情日报和雨水情分析资料,并密切关注天气发展趋势和水情变化。气象部门负责监视天气形势发展趋势,及时做出实时天气预报,并报送防汛抗旱指挥部办公室,提供未来天气形势分析资料。防汛抗旱指挥部办公室负责全面了解各地抗洪抢险动态,及时掌握雨水情、险情、灾情,以及上级防汛工作指示的落实情况;保证防汛信息网络的正常运行;处理防汛日常工作的其他问题,其他部门按需要界定其责任。

4) 会商结果

会商结果由会议主持人决定是否向党委、政府和有关部门及领导报告。

2. 较大汛情会商

1) 会商会议内容

听取雨水情、气象、险情、灾情和防洪工程运行情况汇报,分析未来天气趋势及雨水情变化动态。研究部署辖区面上抗洪抢险工作,研究决策重点险工险点应采取的紧急工程措施,指挥调度重大险情抢护的物资器材,及时组织调配抢险队伍,有必要时可申请调用部队投入抗洪抢险。研究决策各类水库及其他防洪工程的调度运用方案。向同级政府领导和上级有关部门报告汛情和抗洪抢险情况。研究处理其他有关问题。

2) 参加会商的单位和人员

会议主持人为防汛抗旱指挥部指挥长或副指挥长。参加单位和人员有副指挥长、调度专家、水文部门及水情预报专家、气象部门及气象预报专家、部分防汛抗旱指挥部成员单位人员,其他有关单位人员可视汛情通知。

3) 各部门需办理的事项和界定的责任

水文部门要根据降雨实况及时作出水文预报,依据汛情、雨情和调度情况的变化做出修正预报,按规定向防汛指挥部办公室和有关单位、领导报送水文预报、水情日报、雨水情加报及雨水情分析资料。

气象部门要按照防汛指挥部和有关领导的要求,及时做出短期天气预报以及未来1日、3日、5日天气预报,并及时向防汛指挥部办公室和有关领导、单位提供日天气预报或时段天气预报、天气形势及实时雨情分析资料。水利部门要全面掌握并及时提供堤防水库等防洪工程运行状况及险情、排涝及蓄洪区准备情况,并要求做好24小时值班工作,密切监视水利工程运行状况。防汛指挥部办公室要加强值班力量,做好情况综合、后勤服务等,及时组织收集水库、堤垸及其雨水情、工情、险情、灾情和各地抗洪抢险救灾情况,随时准备好汇报材料,密切监视重点防汛工程的运行状况,提供各种供水实时调度方案;做好抗洪抢险物资、器材、抗洪救灾人员等组织调配工作,发布汛情通报,及时编发防汛快讯、简报或情况综合。防汛抗旱指挥部各成员单位按照各自的职责做好本行业的防汛救灾工作,同时视汛情迅速增派人员分赴各自的防汛责任区,指导、协助当地的防汛抗洪抢险救灾工作。

4)会商结果

会商结果由指挥长或副指挥长决定是否向政府、党委和上级部门及领导汇报。

除召开上述常规防汛会商会议外,指挥长可视汛情决定是否召开指挥部紧急会议。防汛紧急会议由指挥长、副指挥长、技术专家和有关的防汛抗旱指挥部成员单位负责人参加,就当前抗洪抢险工作的指导思想、方针、政策、措施等问题进行研究部署。

3. 特大(非常)汛情会商

1)会商会议内容

听取雨情、水情、气象、工情、险情、灾情等情况汇报,分析洪水发展趋势及未来天气变化情况。研究决策抗洪抢险中的重大问题。研究抗洪抢险救灾人、物、财的调度问题。研究决策有关防洪工程拦洪和蓄洪的问题。协调各部门抗洪抢险救灾行动。传达、贯彻上级部门和领导关于抗洪抢险的指示精神。发布洪水和物资调度命令及全力以赴投入抗洪抢险动员令。向党委、政府和上级部门和领导报告抗洪抢险工作。

2)参加会商的单位和人员

会议主持人为指挥长或党委、政府主要领导。参加单位和人员有副指挥长、调度专家、防汛指挥部各成员、水文部门负责人、气象部门负责人、水情预报专家、气象预报专家、防汛指挥部办公室负责人,其他单位可根据需要另行通知。

3)各部门和单位需办理的事项及界定的责任

水文部门负责制作洪水过程预报,做雨情、水情和洪水特性分析,及时完成有关的分析任务;要及时了解天气变化形势,密切监视雨水情变化,并及时做出修正预报。气象部门负责做时段气象预报、天气形势和天气系统分析,及时完成有关的其他气象分析任务,密切监视天气演变过程,并将有关情况及时报防汛指挥部办公室及有关领导,做好24小时防汛值班工作。水利部门要全面掌握堤防、水库等防洪工程的运行防守情况,及时提供各类险情、分蓄洪区的准备情况,重大险情要及时报告防汛指挥部领导,并提出防洪抢险措施。防汛指挥部办公室进一步加强值班力量,负责收集综合雨情、水情、工情、险情灾情、堤防、水库等防洪工程运行状况以及抗洪情况,组织、协调各部门防洪抢险工作,及时提出抗洪抢险人员、物资器材调配方案及采取的应急办法,提出利用水库、蓄洪区等防洪工程的拦洪或分蓄洪的各种方案,通过宣传媒体及时发布汛情紧急通报,及时编发防汛快讯、简报或情况综合等。防汛抗旱指挥部各成员单位要派主要负责人及时到各自的防汛责任区指导、协助当地的防汛抗洪和抢险救灾工作,并组织好本行业抗洪抢险工作。社会团体和其他单位要严阵以待,听候防汛指挥部的调遣。

4)会商结果

会商结果责成有关部门组织落实,由会议主持人决定以何种方式向上级有关部门和领导报告。

十、防汛应急响应规定

(一)应急响应的总体要求

(1)按黄河洪水、干旱的严重程度和范围,将应急响应行动由低到高划分为Ⅳ级、Ⅲ级、Ⅱ级、Ⅰ级4级。

(2)进入黄河汛期或紧急抗旱期,各级防汛抗旱指挥机构应实行24小时值班制,全程跟踪汛情、旱情、灾情,并根据不同情况启动相关应急程序。

(3)省河务部门负责所管辖水利、防洪工程的调度。省防指各成员单位应按照指挥机构的统一部署和职责分工向省防指报告有关工作情况。

(4)黄河、东平湖、北金堤蓄滞洪区等水利、防洪工程的抗洪抢险、抗旱减灾和抗灾救灾等防汛抗旱工作,在国家防总、黄河防总的统一领导下,由省政府、省防指负责组织实施。

(5)黄河洪水、干旱等灾害发生后,发生地有关单位应按照预案进行先期处置,并同时报告当地党委、政府、防指和上级主管部门。当地防汛抗旱指挥机构应及时向同级人民政府和上级防汛抗旱指挥机构报告情况。造成人员伤亡的突发事件,可越级上报,并同时报上级防汛抗旱指挥机构。任何个人发现堤防、险工、控导、涵闸险情,应立即向有关部门报告。

(6)对跨区域发生的黄河洪水、旱灾或突发事件将影响到邻近行政区域的,在报告同级人民政府和上级防汛抗旱指挥机构的同时,应及时向受影响地区的防汛抗旱指挥机构通报情况。

(7)因黄河洪水、旱灾而衍生的疾病流行、水陆交通事故等次生灾害,当地防汛抗旱指挥机构应组织有关部门全力抢救和处置,采取有效措施切断灾害扩大的传播链,防止次生或衍生灾害的蔓延,并及时向同级人民政府和上级防汛抗旱指挥机构报告。

(二)Ⅳ级应急响应

1.启动Ⅳ级应急响应

出现下列情况之一者,启动Ⅳ级应急响应:

(1)黄河下游发生接近警戒水位洪水,或凌汛期发生冰塞阻水,引发个别滩区漫滩。

(2)东平湖老湖超过汛限水位,继续上涨并接近警戒水位,或大汶河下游戴村坝站流量达到1 500 m³/s以上。

(3)金堤河范县站流量达到200 m³/s并继续增大。

(4)黄河、东平湖、大汶河下游、金堤河山东段堤防、水闸等工程出现较大险情,或控导工程发生重大险情。

(5)黄河防总启动含有山东区域的抗旱Ⅳ级响应或省防指启动含有黄河受水区域的抗旱Ⅳ级响应。

2.Ⅳ级应急响应行动

1)防汛

省黄河防办主任主持会商,省黄河防办有关成员部门(单位)派员参加,做出相应工作安排,加强对黄河汛情的监视,做好黄河汛情预测预报,将情况及时上报省政府、省防指指挥,并通报省防指成员单位。

当黄河发生接近警戒水位洪水或个别滩区漫滩时,省黄河防办及早做出漫滩预报,根据防洪预案和汛情实际成立工作机构,昼夜值班,做好防汛日常工作。省防指常务副指挥(山东黄河河务局局长)或省黄河防办主任在黄河防汛指挥中心指挥,省防指有关成员定期会商,并根据分工做好群众迁安、物资供应、交通保障等工作。省防指视情派出防汛督查组,对防汛抗洪工作进行督查,当漫滩行洪切断控导工程抢险后路时,征用部分船只参与工程抢险,确保抢险人员安全撤离。胜利、中原石油管理局做好油田、油井防护。

沿黄相关市防汛抗旱指挥机构负责同志主持会商,具体安排黄河防汛工作;按照权限调度水利、防洪工程;按照预案采取相应防守措施,派出专家组赴一线指导黄河防汛工作,并将工作情况上报当地政府和省防指、省黄河防办。沿黄各市黄河防办视情成立工作机构,加强河势、工情观测,及时掌握汛情变化,组织好工程防守和险情抢护。沿黄各市防汛指挥机构按要求拆除浮桥和行洪障碍,组织人员、车辆、船只将可能漫水的滩区内群众提前撤离并妥善安置,并视情调用社会团体和群众备料。有关部门按照职责分工,开展工作。

2)抗旱

省黄河防办主任主持会商,通报当前旱情和抗旱活动情况,提出会商意见,研究部署应急抗旱工作,职能部门加强值班。

省防指及时向黄河水利委员会提出黄河水量调度请求,增大进入山东省的水量。省黄河防办采取有效措施,合理调配进入山东省的黄河水量。

强化应急抗旱期黄河水量调度工作,每旬统计上报引黄灌区旱情及灌溉情况,编发应急抗旱工作动态;各级黄河防办视情派出督导组,加强引水监督检查,确保各控制断面不出现预警流量。

黄河受水区市、县(市、区)相关成员单位按照应急抗旱响应工作要求,做好辖区内应急抗旱工作,并及时向同级黄河防办报送旱情、灾情、雨情、水库蓄水等抗旱信息。

(三)Ⅲ级应急响应

1.启动Ⅲ级应急响应

出现下列情况之一者,启动Ⅲ级应急响应:

(1)黄河花园口站发生 4 000~6 000(不含 6 000)m^3/s 的洪水,或凌汛期发生冰塞阻水,引发局部滩区漫滩。

(2)东平湖老湖水位超过警戒水位,并预报将继续上涨,或大汶河下游戴村坝站流量达到 2 000 m^3/s。

(3)金堤河范县站流量达到 300 m^3/s 或发生重大险情时。

(4)黄河、东平湖、大汶河下游、金堤河山东段堤防、水闸等工程发生重大险情。

(5)黄河防总启动含有山东区域的抗旱Ⅲ级响应或省防指启动含有黄河受水区域的抗旱Ⅲ级响应。

2. Ⅲ级应急响应行动

1）防汛

省防指常务副指挥（山东河务局局长）主持会商，省防指有关成员单位派员参加，加强黄河防汛工作的指导，做出相应工作部署，同时将情况及时上报国家防总、黄河防总、省政府、省防指指挥、分管副省长。省黄河防办密切监视黄河汛情发展变化，做好黄河汛情分析预测，按照权限调度黄河防洪工程。省防指在 24 小时内派督导组、专家组赴一线指导黄河防汛，根据需要在省电视台等新闻媒体发布黄河汛情通报。省防指有关成员单位按照职责分工，做好相关工作。

当黄河河道超警戒水位或局部滩区漫滩时，省防指加强对防汛工作的领导，省防指常务副指挥到省黄河防汛指挥中心指挥抗洪工作。省黄河防办视情按防御大洪水的机构设置开展工作，加强河势、工情观测，掌握汛情发展变化。省防指加强防洪指挥调度，组织好工程巡查防守和险情抢护，派出防汛督查组，对沿黄各市防汛抗洪工作进行督查，对重要堤段、险工、控导工程据情调集群众防汛队伍加强防守，根据洪水情况发布汛情及搬迁命令。省防指有关成员单位按照职责分工，做好相关工作。胜利、中原石油管理局做好所属油井的防护和职工撤离工作。

沿黄相关市防汛指挥机构主要负责同志主持会商，具体安排黄河防汛工作；黄河防汛责任人上岗到位，靠前指挥；按照权限调度水利、防洪工程；根据预案组织黄河防汛抢险工作，派出专家组到一线具体指导工作，并将工作情况上报当地政府主要领导和省防指、省黄河防办。沿黄相关市防汛指挥机构在市电视台等媒体发布黄河汛情通报，及时将可能漫水的滩区内群众提前撤离，并妥善安置。其他部门按照职责分工，开展工作。

2）抗旱

省防指常务副指挥（山东黄河河务局局长）主持会商，通报当前旱情和抗旱活动情况，提出会商意见，研究部署应急抗旱工作，实行领导带班和 24 小时值班制度。

省防指及时向黄河防总办公室提出黄河水量调度请求，增大进入山东省的水量。省黄河防办采取有效措施，合理调配进入山东省的黄河水量，防止降至预警流量。

强化应急抗旱期黄河水量调度工作，每旬两次（旬初、旬中）统计上报引黄灌区旱情及灌溉情况，编发一期应急抗旱工作动态；各级黄河防办视情派出督察组，加强引水监督检查，确保各控制断面不出现预警流量。

黄河受水区市、县（市、区）相关成员单位按照应急抗旱响应工作要求，做好辖区内应急抗旱工作，并及时向同级黄河防办报送旱情、灾情、雨情、水库蓄水等抗旱信息。

（四）Ⅱ级应急响应

1. 启动Ⅱ级应急响应

出现下列情况之一者，启动Ⅱ级应急响应：

（1）黄河花园口发生 6 000～8 000（不含 8 000）m³/s 的洪水，或部分滩区漫滩，或凌汛期发生冰塞、冰坝，严重影响工程和滩区群众安全。

（2）预报东平湖老湖可能接近防洪运用水位，或大汶河下游戴村坝站流量达到 3 000 m³/s。

（3）黄河、东平湖、大汶河下游、金堤河山东段堤防、水闸等工程发生多处重大险情。

(4)黄河防总启动含有山东区域的抗旱Ⅱ级响应或省防指启动含有黄河受水区域的抗旱Ⅱ级响应。

2.Ⅱ级应急响应行动

1)防汛

省防指常务副指挥主持会商,省防指成员单位派员参加会商,做出相应工作部署,加强对黄河防汛抗旱工作的指导,同时将情况上报国家防总、黄河防总、省政府。省黄河防办加强值班力量,密切监视黄河汛情的发展,做好黄河汛情预测,按照权限做好防洪工程调度,并适时派督导组、专家组赴一线指导黄河防汛。省防指根据需要在省电视台等新闻媒体及时发布黄河汛情通报。省防指各成员单位按照职责分工,做好相关工作。

省防指指挥、常务副指挥、领导成员及时进行防汛会商,研究部署黄河防汛抗洪工作,组织协调省防指各成员单位,按照防汛职责分工开展工作。省黄河防办加强力量,按防御大洪水机构设置开展工作,及时进行洪水分析预测,发布汛情通报,掌握黄河汛情,提出抗洪抢险的建议和意见,供领导决策。省防指按规定组织群众防汛队伍上堤防守,并派出防汛督查组、抢险工作组,对防汛抗洪工作进行督查指导。省防指各成员单位按照各自的职责,抓好所负责的工作。胜利、中原石油管理局做好所属职工和油井的防护工作,在洪水到来之前将无避洪措施的职工全部撤出。

沿黄相关市防汛抗旱指挥机构、市黄河防办启动Ⅱ级响应,按照有关法律、法规和相关规定,宣布黄河防汛进入紧急防汛期,并行使相关职权。市政府主要负责同志主持会商,具体安排黄河防汛工作。沿黄各市按照管理权限安排群众防汛队伍上堤防守,黄河防汛责任人及有关人员立即上岗到位。按照权限调度水利、防洪工程,根据预案组织好巡堤查险和根石探测,及时抢护险情。沿黄市防汛抗旱指挥机构和市黄河防办加强值班,密切监视黄河汛情发展。沿黄相关市防汛抗旱指挥机构在市电视台等媒体发布黄河汛情通报。沿黄相关市防汛抗旱指挥机构成员单位全力做好黄河防汛抢险救灾工作。

2)抗旱

省防指常务副指挥每周组织一次会商,遇特殊情况时随时会商。通报当前旱情和抗旱活动情况,提出会商意见,研究部署应急抗旱工作。增加值班人员,实行领导带班和24小时值班制度。

省防指及时向黄河防总提出黄河水量调度请求,增大进入山东省河道的水量。省黄河防办采取有效措施,合理调配进入山东省的黄河水量,防止黄河断流,支持相关地区抗旱。

省防指提请黄河防总据情加大流量,稀释降解污染水体,及时关闭相关引黄取水工程。省生态环境等部门、单位采取相应措施,减少污染损失的程度和范围。

根据黄河水情及各地旱情发展情况,按照先急后缓、轮流灌溉、突出重点、保障防洪(凌)安全的原则,编制山东黄河应急抗旱水量调度方案,强化应急抗旱期黄河水量调度工作。

必要时实行日调度和5日滚动订单管理制度,黄河受水区各级防汛抗旱指挥机构相关成员单位按规定及时向同级黄河防办报送旱情、灾情、雨情、水库蓄水等抗旱信息;每日统计上报引黄灌区旱情及灌溉情况;每周编发应急抗旱工作动态。

黄河受水区各级防汛抗旱指挥机构视情派出专家组和督导组,赴一线督导抗旱工作,加强抗旱用水及各控制断面流量的监督检查。

(五) Ⅰ级应急响应

1. 启动Ⅰ级应急响应

出现下列情况之一者,启动Ⅰ级应急响应:

(1) 黄河花园口站发生 8 000 m³/s 及以上的大洪水,或大部滩区漫滩,或凌汛期出现重大凌情。

(2) 东平湖老湖超过防洪运用水位,或大汶河下游戴村坝站流量达到 5 000 m³/s 洪水。

(3) 黄河、东平湖、大汶河下游、金堤河山东段堤防、水闸等多处工程发生重大险情,或堤防可能出现决口。

(4) 黄河防总启动含有山东区域的抗旱Ⅰ级响应或省防指启动含有黄河受水区域的抗旱Ⅰ级响应。

2. Ⅰ级应急响应行动

1) 防汛

省防指宣布黄河进入紧急防汛期。省防指指挥主持汛情会商,有关省领导、省防指成员、省政府有关部门参加,做出黄河防汛应急工作部署,加强工作指导,同时将情况上报国家防总、黄河防总。省政府视情组成前线指挥部,现场组织指挥黄河防汛抢险救灾工作。省防指及省黄河防办密切监视汛情发展变化,做好汛情预测,按照权限做好水利、防洪工程调度,并适时派督导组、专家组赴一线进行技术指导。省防指根据需要随时在省电视台等新闻媒体滚动发布汛情通报,报道汛情及黄河抗洪抢险工作情况。省气象局及时进行气象分析预报并通报省防指成员单位及有关部门。省防指其他成员单位按照职责分工,做好相关工作。

省防指指挥、常务副指挥、领导成员及时进行防汛会商,研究部署防汛工作,对防洪的重大问题作出决策和部署。省政府组织 4 个防汛指挥组,由省领导带领,分赴东明河段、东平湖、济南窄河段和河口地区,指挥黄河抗洪工作(若仅汶河、东平湖发生洪水,就组织 1 个指挥组)。省黄河防办掌握雨情、水情、工情和险情,及时进行洪水分析预测,发布洪水通报,提出抗洪抢险的意见,供领导决策。省防指派出防汛督查组和抢险工作组,对各地防汛抗洪工作进行督查指导。省防指各成员单位按照各自的分工,抓好所负责的工作。胜利、中原石油管理局做好所属职工和油井的防护工作,在洪水到来之前将无避洪措施的职工全部撤出。

当确定东平湖滞洪区实施分洪时,省防指召开防汛会商会议,专题部署东平湖抗洪抢险工作,并成立东平湖水库分洪前线指挥部,统一领导协调东平湖水库分洪工作。省防指据情提出司垓闸退水运用意见并报黄河防总,经国家防总批准后组织实施。省水文局和黄委山东水文局认真做好黄河、大汶河洪水测报预报,确保满足蓄滞洪运用的要求。省黄河防办负责东平湖水情分析预测,及时按照权限和上级指令搞好工程调度。中国人民解放军驻鲁部队和武警部队分别安排力量,实施分洪闸前围埝、金山坝和二级湖堤预留口门爆破,协助做好围坝防守、群众迁安工作。

沿黄相关市防汛抗旱指挥机构、市黄河防办启动Ⅰ级响应,按照有关法律、法规和相关规定,宣布黄河防汛进入紧急防汛期,并行使相关职权。由市政府主要领导主持会商,动员部署黄河防汛工作;黄河防汛责任人上岗到位,靠前指挥;按照权限调度水利、防洪工程;根据预案转移黄河滩区、蓄滞洪区群众,组织强化黄河巡堤查险和堤防防守,及时控制险情。沿黄相关市防汛抗旱指挥机构应将黄河防汛抢险救灾工作情况上报当地政府和省防指、省黄河防办。沿黄市防汛抗旱指挥机构在市电视台等媒体发布汛情通报。沿黄相关市的防汛抗旱指挥机构成员单位全力做好黄河防汛抢险救灾工作。

当运用东平湖分洪时,泰安、济宁市政府要成立迁安救护指挥部,及时将湖区群众全部安全撤离,并做好治安保卫、防疫救护和食物供应等救助工作。东平湖防指及时组织好东平湖围坝和二级湖堤防守抢险工作。济南、泰安两市防汛抗旱指挥机构按照省防指命令,加强对大汶河流域水库调度,尽最大努力利用现有水库拦蓄洪水,减轻东平湖防洪压力。

2)抗旱

省防指指挥或常务副指挥每周组织一次会商,遇特殊情况随时会商。通报当前旱情和抗旱活动情况,提出会商意见,研究部署应急抗旱工作。实行领导带班和24小时值班制度。

省防指及时向黄河防总提出黄河水量调度请求,增大进入山东省的水量。省黄河防办采取有效措施,合理调配进入山东省的黄河水量,尽快恢复黄河过流。

省防指提请黄河防总据情加大流量,稀释降解污染水体,及时关闭相关引黄取水工程,并请求黄河防总协调有关省(区)采取有效措施拦截和处理污染物。省生态环境等部门、单位采取措施,减少污染损失的程度和范围。

根据黄河水情及各地旱情发展情况,按照先急后缓、轮流灌溉、突出重点、保障防洪(凌)安全的原则,编制山东黄河应急抗旱水量调度方案,强化应急抗旱期黄河水量调度工作。

实行日调度和5日滚动订单管理制度,黄河受水区各级防汛抗旱指挥机构相关成员按规定及时向同级黄河防办报送旱情、灾情、雨情、水库蓄水等抗旱信息;每日统计上报引黄灌区旱情及灌溉情况;每周编发应急抗旱工作动态。

黄河受水区各级防汛抗旱指挥机构适时派出专家组和督导组,赴一线督导抗旱工作,加强抗旱用水及各控制断面流量的监督检查。

(六)应急结束

(1)当水旱灾害得到有效控制时,可视情宣布应急响应结束。

(2)紧急处置工作结束后,事发地防汛抗旱指挥机构应协助当地政府进一步恢复正常生活、生产、工作秩序,修复水毁设施。

第三节　工程查险应用

堤防工程查险由所在堤段县、乡(镇)人民政府防汛责任人负责组织,群众防汛基干班承担,当地黄河河务部门岗位责任人负责技术指导。河道工程查险在大河低于警戒水位时,由当地黄河河务部门责任人组织,河务部门岗位责任人承担;达到或超过警戒水位后,由县、乡(镇)人民政府防汛责任人负责组织,群众防汛基干班承担,当地黄河河务部门岗位责任人负责技术指导。

汛前,县级防汛指挥机构要对所辖河段的防洪工程进行全面检查,掌握工程状况,划分各乡(镇)防守责任段,标立界桩或界牌,与各乡(镇)防汛责任人进行技术交底,明确防守段落和任务要求;各乡(镇)防汛负责人对各村队防守责任段进行划分,标立界桩或界牌,与各村队防汛责任人进行技术交底,明确防守段落和任务要求。

根据洪水预报,黄河河务部门岗位责任人应在洪水偎堤前 8 小时驻防黄河大堤。县、乡(镇)人民政府防汛责任人应根据分工情况,在洪水偎堤前 6 小时驻防黄河大堤,群众防汛队伍应在洪水偎堤前 4 小时到达所承担的查险堤段。各责任人应按规定完成查险的各项准备工作,并对工程进行徒步巡查,发现问题及时处理。

一、巡查组织

根据防护对象的重要性、防守范围及水情,组织巡堤查险队伍。巡查队队员须挑选责任心强、有抢险经验、熟悉堤坝情况的人担任。组织要严密,分工要具体,严格执行巡查制度,按照巡查方法及时发现和鉴别险情并报告上级。

二、巡查内容

工程靠河靠溜情况,上下首滩岸变化情况,堤坝有无漏洞、跌窝、脱坡、裂缝、渗水(潮湿)、管涌(泡泉)、坍塌、风浪淘刷,河势流向有无变化,涵闸有无移位、变形、基础渗漏水,闸门启闭是否灵活等情况。此外,还需特别巡查堤防附近的水井、抗旱井、地质钻孔等人为孔洞。巡查人员应认真填写观测记录,并签名负责。

三、巡查方法

巡查人员应通过步行的方式进行全面细致的检查,采用眼看、耳听、脚踩、手摸等直观方法,或辅以一些简单工具对工程表面和异常现象进行检查,并对发现的情况作出判断分析。

四、常用巡查工具

记录本—备记险情;小红旗(木桩、红漆)—做险情标志;卷尺(探水杆)—丈量险情部位及尺寸;铁铲—铲除表面草丛,试探土壤内松软情况,必要时还可处理一般的险情;电筒—黑夜巡查照明用等。

巡堤查险是一件艰苦细致的工作,天气越恶劣(狂风、暴雨、黑夜)查险工作越要抓紧,不可松懈。同时巡查人员要注意自身安全。

五、巡查要诀

(一)"四必须"

必须坚持统一领导、分段负责;

必须坚持拉网式巡查不遗漏,相邻对组越界巡查应当相隔至少 20 m;

必须坚持做到 24 小时巡查不间断;

必须清理堤身、堤脚影响巡查的杂草、灌木等,密切关注堤后水塘。

(二)"六注意"

六注意包括注意黎明时、注意吃饭时、注意换班时、注意黑夜时、注意狂风暴雨时、注意退水时。

(三)"五部位"

五部位包括背水坡、险工险段、砂基堤段、穿堤建筑物、堤后洼地、水塘。

(四)"五到"

(1)眼到。密切观察堤顶、堤坡、堤脚有无裂缝、塌陷、崩垮、浪坎、脱坡、潮湿、渗水、漏洞、翻沙冒水,以及近堤水面有无小漩涡、流势变化。

(2)手到。用手探摸检查。尤其是堤坡有杂草或障碍物的,要拨开查看。

(3)耳到。听水声有无异常,判断是否堤身有漏洞、滩坡有崩坍。

(4)脚到。用脚探查。看脚踩土层是否松软,水温是否凉。

(5)工具到。巡堤查险人员应身穿救生衣,佩戴安全绳、探水杆、铁锨等工具。

(五)"三应当"

(1)应当及时处置险情,一般险情随时排除,重大险情要组织专业队伍处置、不留后患。

(2)应当做好巡查记录,对出险地方做好明显标记,安排专人看守观察。

(3)当地防汛指挥机构应当组织技术人员对出险地方组织复查,妥善处置。

六、巡查制度

(一)巡查时间

靠河非汛期要求每天至少巡查一次;汛期每天早晚各一次;洪水期(包括涨水、洪峰、落水期)每隔 2 小时一次;对于新修工程、工程基础浅或大溜顶冲的坝垛,要增加巡查观测次数;对于刚抢险完的坝垛,要实行 24 小时不间断巡查。滩岸坍塌、滩唇出水高度、生产堤偎水等项目观测根据来水情况和上级规定执行。

(二)查险制度

各级河务部门要及时向防守人员介绍防守工程的历史险情和现存的险点,及时报告。基干班查险要形成严密、高效的巡查网络,能随时掌握责任区内工情、险情、薄弱环节及防守重点,制定工程查险细则、办法,并经常检查指导工作。查险人员必须听从指挥,坚守岗位,严格按照巡查办法及注意事项进行巡查,发现险情应迅速判明情况,做好记录,并及时向上级汇报情况,迅速组织抢护。

(三)交接班制度

查险必须实行昼夜轮班,并严格交接班制度。查险换班时,相互衔接十分重要,接班人要提前上班,与交班人共同查一遍。上一班必须在查险的线路上就地向下一班组交接。夜间查险,要增加组次和人员密度,保证查险质量。县(市、区)、乡(镇)及驻堤干部全面交代本班查险情况(包括水情、工情、险情、河势、工具料物数量及需要注意的事项等)。对尚未查清的可疑险情,要共同巡查一次,详细介绍其发生、发展变化情况。相邻队(组)

应商定碰头时间,碰头时要互通情报。

(四)值班制度

防汛队伍的各级负责人、驻堤带班人员必须轮流值班、坚守岗位,全面掌握查险情况,做好查险记录,及时向上级汇报查险情况。

(五)汇报制度

交接班时,班(组)长要向带领防守的值班干部汇报查险情况,带班人员一般每日向上级报告一次查险情况,发现险情随时上报,并根据有关规定进行处理,及时上报抢险情况。

(六)请假制度

查险人员上坝后要坚守岗位,不经批准不得擅自离岗,休息时就地或在指定地点休息。原则上不准请假,个别特殊情况,必须经乡(镇)防汛指挥部批准,并及时补充人员。

七、外业巡查值守

(一)运行观测

进入汛期后,黄河河务部门岗位责任人要坚守岗位,严格执行班坝责任制和检查观测制度,按规定完成工程检查和运行观测任务。

1. 水位观测

(1)观测方法:观测时,一般应整点观测,观测人员尽量接近水尺且与水尺保持平视。观测时间、观测频次按上级规定执行。读数精度要求准确至 0.01 m,水位=水尺读数+该水尺零点高程。水面平稳时,直接读取水面截于水尺上的读数。有波浪时,应分别读记波峰、波谷两个读数,取平均值作为最终读数。也可除读取波峰、波谷读数外再捕捉瞬时平稳时机及时读数,以用于校正波峰和波谷的平均数,为消除因时机选择不当而带来的误差,可多次测读再取平均数。

(2)观测成果:水位观测记录表内容包括工程名称、水尺编号(或固定点)及零点高程、遥测水尺零点高程、高程系、观测时间、读数、水位、遥测水位、观测人、校核人、复核人等信息。

2. 河势观测

(1)观测方法:河势是河道水流的平面形势和发展趋势。主要包括滩岸线位置、河道整治工程的靠水位置、水流的态势、主溜的位置走向,以及可能的变化趋势等。河势观测一般是沿河进行目视观测,在河道整治工程处或河势变化较大的河段进行重点观测,目测确定主溜线、水边线。河势观测前要充分做好准备工作,一方面要了解河段特别是重点河段的特性,历年河势变迁和工情变化情况,收集与查勘河段有关的河势观测资料,以便观测更具有针对性,提高观测准确性;另一方面要携带河势观测必要的工具和仪器,如望远镜、测距仪、钢卷尺等。重点查看险工、控导工程靠主溜的部位及坝垛等。河道河势不断变化,要求单次单点观测时间不少于 10 分钟,取现象明显趋势进行记录。

(2)观测成果:河势观测表内容包括观测时间、工程迎送溜情况(迎溜角度、送溜角度)、岸别、靠河长度、靠水坝号、靠溜坝号、靠主溜坝号、靠边溜坝号、靠回溜坝号、不靠水坝号、与昨日相比(靠溜坝岸增加段)、与起涨初期相比(靠溜坝岸增加多少段、靠河长度增加多少米)、河面宽(最窄处的宽度和坝号、最宽处的宽度和坝号、均宽)、观测人、记录人等信息。

3. 工程险情观测

(1)观测方法:按照班坝责任制要求,巡查人员在规定时间内徒步对工程安全运行进行全方位观测,发现险情及时上报。

(2)观测成果。工程险情观测表内容包括附近水文站流量、观测时间、出险坝号、出险类别、出险原因、出险部位、当前河势描述、坝前水深、出险尺寸(长、宽、高)、观测人、记录人等信息。

4. 滩岸坍塌观测

(1)观测方法:滩岸坍塌观测主要是对滩岸坍塌情况进行观测,一般采用整点观测。滩岸坍塌观测首先选定固定的观测点位置,选择原则是选取具有代表性的位置,同一滩区至少选定上、中、下三个观测断面。观测断面须设置固定的标识物,即参照物。参照物可设置多个,参照物应为不易被损坏或移动的物体,并特征明显,一般采用滩岸桩或树株,测量出参照物与滩岸线的距离。参照物与滩岸线之间距离的变化即为滩岸坍塌宽度或淤积宽度。滩岸坍塌长度以实际发生滩岸坍塌的顺水流方向长度为准。

(2)观测成果:滩岸坍塌观测表内容包括观测时间、滩区名称、地点、断面编号、岸别、坍塌处距生产堤距离、坍塌长度、坍塌宽度(平均、最大)、坍塌面积、观测人、记录人等信息。

5. 生产堤偎水观测

(1)观测方法:人工目测、测距仪、塔尺配合。

(2)观测成果:生产堤偎水观测表内容包括附近水文站流量、观测时间、滩区名称、生产堤名称、生产堤偎水情况(位置、开始偎水时间、起止桩号、偎堤长度、平均偎堤水深、最大偎堤水深、最大水深处的桩号、最大水深处的出水高度)、观测人、记录人、校核人、审核人等信息。

6. 滩区漫滩及洪水偎堤观测

(1)观测方法:人工目测、测距仪、塔尺配合。

(2)观测成果:滩区漫滩及洪水偎堤观测表内容包括附近水文站流量、观测时间、滩区名称、滩区进水地点、进水时间和断流时间、偎堤情况(起止桩号、偎堤长度、偎堤水深)、滩区漫滩情况(淹没面积、最大水深、平均水深)、受灾情况(村庄、人口、经济损失)、预估当地平滩流量、观测人、记录人、校核人、审核人等信息。

7. 凌情观测

(1)观测方法:黄河凌汛期共分三个阶段:流冰期、封冻期和开河期。冰凌观测是掌握冰凌情况,收集冰凌气象资料,以此来研究冰凌变化规律,采取防凌措施。

冰情目测的河段应选择视野开阔、便于观测、水面宽均匀、位置较高且尽量满足观测冰凌密度的河段。冰情目测的程序一般按照先远后近、先面后点、先岸边后河心、重点到局部再到特殊冰情的观测。观测内容包括流凌密度、流凌河段长度,封河上首位置、封河长度,冰堆、冰塞、冰坝等特殊冰情发生的时间、地点(桩号)、范围(长度)及生消情况。

固定点冰厚测量项目一般为岸冰的宽度和厚度,测量冰厚一般每隔5日一次。测量地点一般应选择离开清沟、离岸边近、浅滩、道路、污水、冰堆、冰坝、冰上流水、冒水等处。

单位时间内流过某一断面的冰量称为冰流量。依次测量敞露河面宽、测量冰速及起点距、测量疏密度、测量冰厚度、测量冰花和冰花团厚度。最后是将测量数据进行计算,从而得出冰流量。

(2)观测成果:冰情观测记录表内容有观测时间、河段起止位置、起止桩号、河段长度、水面宽度,全封段(长度、宽度、厚度、冰量)、边封段(左岸长度、宽度、厚度,右岸长度、宽度、厚度和冰量)、流冰(密度、厚度、一般冰块面积、最大冰块面积)、行凌速度(一般、最大)、冰凌现象、总冰量、上报人、接报人等信息。

(二)汛期根石探测

1. 探测要求

根石探测内容应包括堤防险工、控导护岸工程的根石(抛石)的平面分布范围、顶界面位置等。根石探测应符合下列规定:

(1)探测应以基准点为参照,基准点应布置在地形变化影响范围之外,且长期稳定、易于保存、便于测量的位置。

(2)探测断面应相对固定,间距宜 5~20 m。

(3)测点布置:水上部分沿探测断面水平方向对各突变点观测;水下部分沿探测断面水平方向每 2 m 探测一个点,遇根石深度突变时,应增加测点,当探测不到根石时,应再向外 2 m、向内 1 m 各测 1 点。

2. 探测成果

根石探测报告应包括下列内容:

(1)探测基本情况:探测时间、探测位置(桩号或坝号)、探测目的、探测过程、探测队伍以及河势、水位环境条件等。

(2)探测方法与仪器:探测方法、探测仪器以及测线布置等。

(3)探测结果与分析:典型剖面成果图,与上次探测结果比较分析根石分布变化情况。

(4)结论与建议:对探测工程的整体评价,根石变化情况及处理意见。

八、三个全覆盖应用

2021 年,山东黄河河务局努力践行水利部"智慧水利"建设要求,以"数字化场景、智慧化模拟、精准化决策"为途径,以实现水利业务预报、预警、预演、预案为目标,率先在全河实现了视频监控全覆盖、无人机全覆盖和视频会议全覆盖。截至 2021 年底,山东黄河河务局建设完成视频监控点 1 572 处,省局和各市局均建成视频监控系统管理平台,实现用户管理、设备调控、影像保存和资源分配等功能;无人机配备到每个基层段所,各级配备多种型号的旋翼式无人机达 124 架;省、市、县局和基层段所共配备视频会议终端 113 套,购买视频会议参与许可 150 方,支持移动设备通过无线连接加入会议。

为全面应用"三个全覆盖"建设成果,选取工程巡查、水政执法、取用水督查监管、水情测报、河势查勘、视频会议和安全生产检查等业务进行流程革新再造。其中,工程巡查、水政执法、取用水督查监管、水情测报、河势查勘等业务为日常性应用,根据各部门业务需求制定工作流程;视频会议、安全生产检查等业务为临时性应用,提倡使用"三个全覆盖"手段解决工作问题。

基层段所执行巡查任务,留存图片及视频资料,发现问题按照工程问题处置要求进行处置,将巡查情况上传至工程巡查 APP。

九、防汛监督检查

防汛督查组织分为四级,依次为黄河防汛总指挥部防汛督查组、省级防汛指挥部黄河防汛督查组、市级防汛指挥部黄河防汛督查组、县级防汛指挥部黄河防汛督查组。各级防汛指挥部可根据防汛任务和险情需要随时成立专项督查组。督查组由防办、纪检、人事等部门抽调的人员组成,组长由党政领导担任,每个督查组一般 3~5 人。

为切实做好汛期安全隐患排查整治工作,防止各类责任事故发生,确保安全度汛,汛期督查分为来水前的临战督查、涨水期的突击督查、落水期的跟踪督查。

(一)来水前的临战督查

来水前的临战督查主要督查防汛队伍落实情况,巡堤查险责任制划分落实情况,工程隐患整改情况,防汛物资落实情况,抢险机械落实情况,防汛工器具落实情况,后勤保障落实情况,通信保障落实情况等。

黄河伏秋大汛、调水调沙期间,当预报花园口站流量达到 3 000 m^3/s 时,且相邻上游水文站流量达到 1 500 m^3/s 时,已架设浮桥必须在 8 小时以内按要求拆除;凌汛期间,在淌凌河段架设的浮桥,必须 24 小时内拆除。拆除后的浮舟要做到一舟一锚一固,安排专人 24 小时值班管理,确保浮舟安全。当洪峰过后,已拆除浮桥相邻上游水文站流量小于 2 000 m^3/s 且预报没有后续洪水,或在凌汛期间浮桥以上河段开河,经省级黄河河道主管机关批准后,方可恢复运行。

影响行洪时,滩区生产堤要按规定破除,任何单位和个人不得随意堵复、新修和加修。各级要结合河湖长制,常态化、规范化开展河湖"清四乱"行动,清除行洪障碍,保障河道行洪畅通。

(二)涨水期的突击督查

涨水期的突击督查主要督查黄河防汛各项责任制落实情况,三个责任人到位情况,专防队伍、群防队伍岗位责任制落实情况,亮化工程执行情况,安全用电情况,防汛料物消耗及补充情况,抢险机械预置情况,巡堤查险记录情况,浮桥安全管理情况,引黄闸安全管理情况,工程险情抢护情况等。

当辖区内黄河干流流量超过 5 000 m^3/s 时,引黄水闸原则上停止引水。确需引水的,当地黄河防办要组织专家进行分析论证,在确保安全的前提下,报省黄河防办批准后,严格按照批准指令执行。

(三)落水期的跟踪督查

落水期的跟踪督查主要督查专防队伍、群防队伍履职尽责情况,抢险物资消耗情况,工程安全运行情况,防汛物资入库情况等。

落水期是工程最容易出险的时候,一是巡堤查险人员经过长时间高强度作业已经疲惫,容易产生侥幸心理和麻痹思想;二是坝身基础在大溜淘刷的作用下,骤然失去水压力的依托,根基失稳,容易出险根石坍塌或墩蛰险情。因此,落水期要加强跟踪检查,直至洪水安全度过辖区河段。

第四节　工程报险应用

一、险情级别划分与审批权限

黄河防洪工程险情级别(见表11-2)依据严重程度、抢护难易等分为一般险情、较大险情和重大险情三级。

表 11-2　黄河防洪工程险情级别分类

工程类别	险情类别	险情级别与特征		
		重大险情	较大险情	一般险情
堤防工程	漫溢	各种险情		
	漏洞	各种险情		
	管涌	出浑水	出清水,直径大于 5 cm	出清水,出口直径小于 5 cm
	渗水	渗浑水	渗清水,有沙粒流动	渗清水,无沙粒流动
	风浪淘刷	堤坡淘刷坍塌高度 1.5 m 以上	堤坡淘刷坍塌高度 0.5~1 m	堤坡淘刷坍塌高度 0.5 m 以下
	坍塌	堤坡坍塌堤高 1/2 以上	堤坡坍塌堤高 1/2~1/4	堤坡坍塌堤高 1/4 以下
	滑坡	滑坡长 50 m 以上	滑坡长 20~50 m	滑坡长 20 m 以下
	裂缝	贯穿横缝、滑动性纵缝	其他横缝	非滑动性纵缝
	陷坑	水下,与漏洞有直接关系	水下,背河有渗水、管涌	水上
险工工程	根石坍塌		根石台墩蛰入水 2 m 以上	其他情况
	坦石坍塌	坦石顶墩蛰入水	坦石顶坍塌至水面以上坝高 1/2	坦石局部坍塌
	坝基坍塌	坦石与坝基同时滑塌入水	非裹护部位坍塌至坝顶	其他情况
	坝裆后溃	坍塌堤高 1/2 以上	坍塌堤高 1/2~1/4	坍塌堤高 1/4 以下
	坝垛漫顶	各种情况		
控导工程	根石坍塌			各种情况
	坦石坍塌		坦石入水 2 m 以上	坦石不入水
	坝基坍塌	根坦石与坝基土同时冲失	坦石与坝基同时滑塌入水 2 m 以上	其他情况
	坝裆后溃		连坝全部冲塌	连坝坡冲塌 1/2 以上
	漫溢	裹护段坝基冲失	坝基原形全部破坏	坝基原形尚存

续表 11-2

工程类别	险情类别	险情级别与特征		
		重大险情	较大险情	一般险情
水闸工程	闸体滑动	各种情况		
	漏洞	各种情况		
	管涌	出浑水	出清水	
	渗水	渗浑水、土与混凝土结合部出水	渗清水、有沙粒流动	渗清水、无沙粒流动
	裂缝	土石结合部的裂缝、建筑物不均匀沉陷引起的贯通性裂缝	建筑物构件裂缝	

一般险情的抢险方案由县局报市局批准;较大险情的抢险方案由县、市局逐级上报到省局批准;重大险情的抢险方案由县、市、省局逐级上报到黄委批准。

非汛期单坝单次抢险或汛期单坝一次洪水过程抢险累计动用石料 1 000 m³ 以下的,用石申请按照险情报批规定,在批复抢险方案时一并批准;1 000~2 000 m³(含 1 000 m³)的逐级报省局批准;2 000 m³ 以上(含 2 000 m³)的逐级报黄委批准。一般情况下在抢险前应先报批,并根据批复调运石料抢险;紧急情况下,可边抢护、边上报,不误抢险时机,确保防洪工程安全。

二、报险方式

(1)电话报告。险情发生后,要第一时间电话上报。也可采取微信、QQ 等其他方式作为补充上报。

(2)书面报告。电话上报险情后,还要书面正式上报。书面报告指抢险请示电报。书面报告采用河务局或黄河防办传真电报方式。

(3)录入系统。在上报险情的同时,要将险情录入黄河下游工情险情会商系统,并根据要求录入国家防汛抗旱二期汇集平台。

三、河道工程险情分析

(一)险情发生原因

坝垛险情是水流与坝垛相互作用时产生的。水流遇到坝垛受阻后,形态发生变化,一分为三。

(1)由于丁坝壅水,在上游侧形成高水位区,位于高水位区的一部分水流逆流而上遇主溜即产生上回溜。

(2)当主溜绕过坝垛下泄时,由于离析现象和惯性作用,在坝垛的背水侧产生下回溜。

(3)绕过坝垛下泄的主溜,在坝前还会形成螺旋流。坝垛前后复杂的水流导致输沙不平衡,河床遭受破坏,而形成冲刷坑。冲刷坑的位置和尺度与行近流速、来流方向、河床组成、回溜、螺旋流强度及坝垛坡系数等因素有关。当坝垛基础与冲刷坑深度不相适应时,就发生下蛰、坍塌、倾覆等险情。

(二)险情发展的三要素

坝垛险情抢护三要素是指坝垛结构的深度、强度,河势、水位的变化,河床土质。

1. 河势与险情的关系

河势与险情有着十分密切的关系,只有分析河势演变规律,预估靠溜部位的提挫范围,才能拟订科学合理的抢护方案,合理部署抢护力量,取得预期的效果。河势基本规律有下列几种。

(1)小水上提入湾,大水下挫冲尖。

洪水盛涨、流速增大、比降变缓,河槽对洪水的束缚力相对减弱。由于水流的惯性作用,边滩也失去控制能力,主溜趋直,缩短流程,靠溜部位下挫。当河水回落、水位下降时,浅滩阻水、边滩导溜,促使主溜上提。

(2)此岸坐弯彼岸出滩,滩湾相辅相成。

在弯道内,水流因受离心力的作用而形成环流,表层流向趋向凹岸,底流趋向凸岸。河床泥沙被推向凸岸,凹岸被表层流冲刷而坍塌,这就是"湾退则滩进"的规律。

(3)上湾稳下湾亦稳,上湾变下湾亦变。

这是河流传播的连锁反应。所谓"稳""变"是指在边界条件固定、水沙条件基本稳定的前提下上下弯道的对应关系。在分析河势发展趋势时,可根据上湾着溜地点来估计下湾着溜部位。但对弯道的土质应予鉴别,土壤结构坚硬、抗冲性强,河势则有上提趋势;反之,河势则有下挫预兆。但在犬牙交错、边滩密布的河道内,也会出现上湾河势下挫、下湾反而上提的反常现象,使正常的水流传播关系遭受破坏。所以,在进行河势分析时,对边滩的土质结构、分布和所处高程也应给予足够的重视。

2. 河床土质与险情的关系

黄河上的坝垛工程修建在黄河冲积层上,由于土质结构不同,抗冲性能也有差异而抢险方法就应有所不同,如沙土,土质松散、抗冲性能弱,它所形成的冲刷坑,坡度较缓、深度较浅、面积较大、垛体易下蛰。针对上述特点宜采用搂厢或抛柳石枕。抢护构件能随着河床变形而下蛰,具有缓溜落淤的作用。

四、险情报批流程

(1)防洪工程发生险情后,首先要分析出险原因,根据险情所处工程位置、抢险力量部署、物资料源、工程靠溜、河势变化等情况,合理确定抢险方案;在组织技术人员电话上报险情的同时,全力组织人员、料物、设备到场到位,观察险情发展趋势;一般情况下应先报批,并根据批复的方案组织实施;发生较大、重大险情时可根据上级电话要求和上报方案边抢护、边上报,不误抢险时机,确保防洪工程安全。险情消除后,由于基础不稳定,要安排专业技术人员驻守现场加强观测。

(2)巡查人员发现险情后,应立即报告管理段或闸管理所领导,管理段或闸管理所领导组织查看险情,拍摄出险照片,分析出险原因,初步判断险情名称和级别,预测险情发展趋势,丈量出险尺寸,估算抢险工程量,现场拟写险情报告,紧急时先电话上报县局业务部门和带班领导,再书面上报县局。

(3)县局接到报险后,要立即派出工作组赴现场核实险情情况,完成险情信息的采集工作,判断险情级别,根据险情所处工程位置、抢险力量部署、物资料源等情况,迅速研究制订抢险方案,并在规定的时限内上报市局抢险代电,抢险代电包括用工用料、出险断面图、出险照片、计算说明,抢险投资等。

(4)接到县局较大险情或重大险情的报告后,市局要立即派出工作组赶赴现场,同时可采取电话、微信、QQ等方式报告省局,到达现场后要进一步核实险情情况和险情级别,再次报告省局。

(5)接到市局重大险情报告后,省局要立即派出工作组赶赴现场,同时电话报告黄河水利委员会,到达现场进一步核实情况后,再次电话报告黄委。

(6)发生重大险情时,各级要在险情确认后20分钟内将初步情况电话报告本级政府和省局,同时报当地应急部门;险情发生后40分钟内,必须书面报告初步核实的情况,作为突发事件初步上报的口径。本级政府或省局要求核报的信息,各级要在15分钟内电话反馈初步核实情况;明确要求报送书面信息的,35分钟内必须报告书面信息,有关情况可以续报。上报内容包括水文气象、险情现状及发展趋势分析、抢险情况、险情对下游的影响等。

五、报险时限

(一)一般险情

县局工情组接到管理段的险情报告并到达现场核实情况后,2小时内将抢险方案上报市局工情组。

(二)较大险情

市工情组接到险情的报告,派出工作组赶赴现场核实险情情况后,3小时内将抢险方案报省局工情组。

(三)重大险情

省局工情组接到市局工情组险情的报告,派出工作组赶赴现场核实险情情况后,3小时内将抢险方案报黄河防总办公室。

较大、重大险情抢险方案上报前必须经过单位技术负责人、分管领导和主要领导审查。

六、抢险请示电报

抢险请示电报内容包括拟采取的抢险方案与抢险计划表。

(一)抢险方案

抢险方案应较详细地叙述当前流量、靠溜情况、险情现状、发展过程、抢护措施等;主要包括以下内容:

(1)水文数据:描述当前河道流量,以判断险情发展趋势。

(2)河势情况:描述出险河段河势变化情况及当前工程靠河着溜情况,以分析工程出险原因及发展趋势。

（3）险情现状及发展过程：险情发生时间、出险部位、坝号、险情具体尺寸、估算工程量、险情类别及级别、险情发展趋势等。

（4）抢护措施：根据险情现状、发展趋势及周边料物情况，确定拟采取的抢护方法。

拟定抢险措施时，要统筹谋划，对于一般险情，发展速度缓慢，在可控范围内，可以考虑一劳永逸的抢险方法，例如用长臂挖掘机直接抛投块石等，直接抛到出险部位，抢护时充分考虑工程管理需要，以免洪水退后留下一堆遗留问题。对于应急险情，要讲究抢险快速、就地取材，目的是控制险情扩大，及时有效地排除险情，可以采用临时措施，例如采取挂柳落淤、抛投柳石枕、抛投吨袋等临时措施。

（二）抢险计划表

抢险计划表执行本规定的抢险定额与取费标准，有必要的文字说明及出险断面图，同时对动用备防石、土方运距、石方运距、新购材料等情况加以注明。

1. 抢险定额

人工方式抢险定额采用《山东黄河汛期工程抢险劳动力及材料消耗定额（一）》及《山东黄河汛期工程抢险劳动力及材料消耗定额（二）》。

机械方式抢险定额主要采用黄委《黄河防洪工程预算定额》（黄建管〔2012〕150 号），取费标准主要执行水利部《水利工程设计概（估）算编制规定（工程部分）》（水总〔2014〕429 号）的相关规定。定额不足的部分，可采用水利部《水利工程施工机械台时费定额》、《水利建筑工程预算定额》、《水利建筑工程概算定额》（水总〔2002〕116 号）、《水利工程概预算补充定额》（水总〔2005〕389 号）、《黄河防洪工程概算定额》（黄建管〔2014〕344 号）、财政部和税务总局《关于调整增值税税率的通知》（财税〔2018〕32 号）、水利部办公厅《关于调整水利工程计价依据增值税计算标准的通知》（办财务函〔2019〕448 号）和国家及主管部门颁发的有关规定作为补充。

抢险人工工日和机械台时可根据抢险实际，综合考虑抢险的突发性、紧迫性、时间不可控性和防洪工程距离村庄远、抢险时间短等因素，在允许范围内进行适当上调。

2. 取费标准

工程抢险人工费取费标准，按照山东省人民政府每年公布的当地月最低工资标准换算后的小时最低工资标准文件执行。因抢险紧急调用人工的，抢险人工费可在允许范围内进行适当上调。

工程抢险材料费，施工机械消耗的油料价格按国家发改委最新发布的价格执行。其他材料如石料、铅丝、木桩、麻料、柳料等，采用当时市场价格。

工程抢险机械费，综合考虑抢险的突发性、紧迫性、时间不可控性和抢险作业条件差、具有一定的危险性等因素，抢险机械台时费可在允许范围内进行适当上调。长臂挖掘机等尚未纳入定额的防汛抢险机械设备台时单价采用当地市场价格。

监理费按照工程所在水管单位维修养护实施方案中的监理费取费标准进行计算。

3. 工程量计算

出险体积计算：根据对出险坝岸断面的探摸情况，绘制工程出险断面图，计算出出险断面面积，同时根据现场测量的工程出险长度，用断面积×出险长度计算出出险体积。

不同抢护方法工程量的计算：计算出总的出险体积后，再确定不同的抢护方法抛投部位和施工工序，绘制工程抢护断面图，计算断面面积，同时根据现场测量的工程出险长度，用断面积×出险长度计算出不同抢护方法的工程量。

4. 附图

绘制工程出险断面图：主要包括出险坝岸断面、现状线、设计线，并标注工程设计标准关键尺寸和坡比、出险尺寸（上底、下底、深度等）。

绘制工程抢护断面图：主要包括出险坝岸断面、现状线、设计线，不同抢护方法的具体部位，并标注工程设计标准关键尺寸和坡比、不同部位的相关尺寸（上底、下底、深度等）。

5. 说明

主要说明当前河道或邻近水文站水文特征数据、河势情况、险情现状及发展过程、抢护措施、工程量和投资等。

6. 影像资料

另附必要的出险照片等影像资料。

七、电报批复

（1）市、省局在接到抢险请示电报后，一般情况下，应在 2 小时内完成审批；遇特殊情况，不能按时批复的，应在 2 小时内采取其他方式给予明确答复。

（2）抢险批复电报内容包括同意的抢险方案、核定的主要工程量、主要材料消耗、计划人工、机械及耗资、提出抢护要求及抢护完成后的观测等要求。

第五节　工程抢险应用

防汛和抢险是不可分割的两部分，抢险是临危情况下的被动应急措施，防汛的重点是预防。"防"得周密严谨，"抢"得就少而易，因此历来强调"防重于抢"。"防"的内容很多，包括对防洪工程可能出现的险情的检查、观测，坚持问题导向，消除安全隐患，做到"防微杜渐，治早治小"。

一、现场管理

较大、重大险情要采取紧急措施，边抢护，边报告，全力制止险情扩大。当防洪工程发生重大险情时，或在警戒水位（含）或漫滩流量（含）以上发生险情时，各级政府要根据防汛预案，立即组织人员、料物、设备进行抢护。

因抢险需要取土用地、砍伐林木、清除阻水障碍物等，任何单位不得阻拦。应急处置工作结束后，属于临时用地的，恢复原状并交还原土地使用者使用，不再办理用地审批手续；属于永久性建设用地的，在不晚于应急处置工作结束 6 个月内申请补办建设用地审批手续。

抢险完成后，以实际发生的工程量和费用作为结算依据。抢险完成后，应及时编写抢险工程总结，按照险情级别审批权限逐级上报。较大、重大险情抢护完成后 3 日内，市局向省局报送抢险工作总结。抢险总结报告内容包括工程基本情况、出险情况、抢险组织与实施情况、抢护方案、完成的工程量及投资等。

影像资料主要包括工程出险、抢险、抢护完成后 3 个阶段的照片和视频。作为出险抢险记录和防汛应急工程项目申报的依据，照片和视频要反映出工程损坏严重程度、抢护方法、机械、人工、抢护后工程情况及修复的工程量大小。

洪水过后，各级要组织相关部门及时组织力量做好水毁工程修复工作，恢复工程抗洪强度。

二、材料应用

近年来，随着国家治理环保问题的力度逐步深入，石料作为稀缺资源供需矛盾日益突出。为储备防汛物资，提高抢险的时效性和可操作性，有的单位对铅丝笼和石料进行了创新，逐步应用到抢险中，成效显著。例如，用 12# 钢筋焊接的钢筋笼，制作大体积的金刚网，制作柳石枕网片等，有利于挖掘机吊装，提高了装石量和溜势抗冲性，节约了石料，进一步提高了抢险效率；用模具浇筑制作了大型扭工体，提高了抗冲性能；用模具加工了"砼包土"，内为建筑弃渣或土袋，外部为钢筋混凝土浇筑。枯水期对靠大溜顶冲、回溜的坝岸，用吊车将大型扭工体或"砼包土"放至根石坡脚处固根，也可集中存放用于应急抢险。

三、机械配置

在防汛抢险过程中，根据险情规模、发展速度、料物性质、料场运距、出险场地、运输路况等因素，合理地选用抢险设备，以加快抢险进度、降低料物消耗和抢险成本为目的，最大限度地发挥机械效能，有效遏制险情发展，一气呵成，圆满完成抢险任务。

(一) 运距要求

运距在 100 m 以内应选用推土机，运距在 30~50 m 效率最好；运距在 50~200 m 以内可选用装载机；运距超过 250 m 宜采用挖掘机与自卸汽车配套使用。

(二) 场地要求

当险情规模较大、抢险场地宽阔、抢险料物充足时，优先选择大型、专用履带式抢险设备；当险情规模小、抢险场地狭窄时，应选择中小型和机动性好的轮式设备。

(三) 时效要求

当险情发展迅速、附近抢险料物单一时，多调集挖掘机、自卸车、装载机配合使用，利用备防石或附近料物快速抛投，先遏制险情发展。当险情发展缓慢、附近抢险料物充足时，按照方案科学调度抢险机械，发挥机械最大效益。

(四) 路况要求

如险工工程出现根石坍塌等险情，抢险期间遇到强降雨、坝顶泥泞、运料及抢险设备无法通行，可以利用黄河大堤用进占的方法铺设石硝或碎石，边修路边调运料物紧急抢护。如控导工程、生产堤或滩区出现根石坍塌、滩岸坍塌等险情，抢险期间遇到强降雨，路面泥泞或滩区没有道路，抢险料物运不进去，可以就地取材，利用滩区种植的玉米秸或农作物铺设临时道路，应急抢护。

(五)配置要求

1.按照经验配备

自卸汽车的车厢容积应是挖掘机斗容的 3~5 倍,但不要大于 7~8 倍。根据《黄河防洪工程预算定额》分析,斗容 1 m³ 挖掘机就近抛石每个台时大约 77 m³;200 m 运距内,斗容 1 m³ 挖掘机配合 15 t 自卸车装运备防石,一辆挖掘机需配备 2~3 部自卸车;400 m 运距内,斗容 1 m³ 挖掘机配合 15 t 自卸车装运备防石,一辆挖掘机需配备 3~4 部自卸车;如果超过 400 m 运距,按照配备比例适当增加自卸车数量。同时还要根据抢险路况、机械性能、场地规模等因素合理选择机械设备。

2.按照计算配备

1)单斗挖掘机配置数量

单斗挖掘机生产率计算公式为

$$P = q \times (8 \times 3\,600)/T \times K_{ch}K_eK_tK_z$$

式中:P 为挖掘机生产率,(自然方)m³/台班;q 为铲斗容量(松方),m³;K_{ch} 为铲斗充盈系数;K_e 为土壤可松性系数;K_t 为施工机械时间利用系数;T 为挖掘机铲装一次工作循环时间,s;K_z 为掌子高度和挖装旋转角度校正系数。

单斗挖掘机数量确定公式

$$N_C = Q_{cmax}/P_c$$

式中:N_C 为挖掘机配备数量;Q_{cmax} 为挖掘机日工作能力;P_c 为挖掘机生产率。

2)确定推土机配置数量

推土机直铲进行铲推作业时的生产率公式:

$$Q = (3\,600qK_bK_y)/T$$

式中:Q 为生产率,m³/h;q 为推土机推移土料的体积,m³;K_b 为时间利用系数,一般取 0.8~0.85;K_y 为坡度影响系数,平地时取 1.0;上坡时(坡度 5%~10%)取 0.5~0.7;下坡时(坡度 5%~15%)取 1.3~2.3;T 为每一工作循环所需时间,s,当推土机进行斜铲连续作业时,与平地机的作业方式相似,其生产率可参照平地机生产率公式进行计算。

推土机平整专用场地时的生产率公式:

$$Q = 3\,600L(I\sin\varphi - b)K_bBn(L/v + t_n)$$

式中:Q 为生产率,m³/h;L 为平整地段长度,m;I 为推土板长度,m;φ 为推土板的水平回转度角度;b 为两相邻平整地段的重选部分宽度,m,一般取 0.3~0.5 m;K_b 为时间利用系数,一般取 0.8~0.85;B 为推土机高度,cm;n 为在同一地点的重复平整次数,次;v 为推土机运行速度,m/s;t_n 为推土机转向时间,s。

推土机配置数量公式:

$$N = V/8QT$$

3)确定自卸汽车配置数量

自卸汽车生产率(m³/h)公式:

$$P_J = 60qk_ek_{ch}k_{su}/T$$

式中:P_J 为自卸汽车每小时生产率,m³/h;q 为汽车车厢容积;k_e 为可松系数;k_{ch} 为汽车装满系数;k_{su}为运输损耗系数,一般取0.94~1.0;T为汽车一次循环时间$T=T_z+T_y+T_x+T_d$,min;T_z为装车时间,n/n_0+t_r,min;T_y为行车时间,$60(L/V_z+L/V_k)$,min;T_x为卸车时间,min;T_d为调车、等车时间,min;n为汽车需装铲斗数;n_0为每分钟挖掘斗数;t_r为汽车进入装位时间,min;L为运距,km;V_z为重车行车速度,km/h;V_k为空车行车速度,km/h。

配备自卸车数量确定公式:

$$N = V_{远调土} \div 30 \div 8PJ$$

第六节　应急度汛项目

应急度汛项目是指黄河堤防、河道整治、涵闸、水利枢纽、水文测报、通信设施等工程因存在严重问题,或由于河势等情况变化,工程不能安全运行,严重影响黄河防洪安全,而急需在当年汛前采取新建、续建、加固、改建、修复等措施,且按正常建设程序难以满足度汛安全要求,确需简化建设程序的建设项目。项目主管部门为黄河水利委员会防汛办公室。

一、项目内容

(1)已列入防洪工程建设可行性研究报告,年度计划未安排,但由于情况变化,需要紧急实施的防洪基本建设项目;

(2)已列入年度计划,且必须在汛前完成,但按正常建设程序难以满足防汛安全要求,确需简化程序的工程建设项目;

(3)黄河防洪工程和设施因遭受洪水、暴雨等自然灾害而严重损坏,不能安全运行,严重影响黄河防洪安全,急需修复的工程项目;

(4)其他需要紧急实施的工程项目。

二、立项程序

项目由省局防汛部门负责报黄河水利委员会审批立项,其中防洪基建类项目应会商规划计划部门上报。属于正常基本建设、水毁修复的工程项目,不得按黄河应急度汛工程项目上报。

上报立项请示的报告中,应包括工程基本情况、立项缘由、前期工作情况、工程建设方案、主要工程量及投资等内容。

项目立项由黄河水利委员会防汛主管部门审批,其中属防洪基建类项目应会商规划计划部门确定。

项目立项请示的审批,一般应在收到立项请示后7日内完成。情况紧急时,应立即办理。项目经批准,各级计划、财务部门应根据项目性质,向上一级申报项目资金计划。

三、设计审批

项目根据资金来源分为防洪基本建设项目和防汛维护项目两类。

(1)属于防洪基本建设性质的项目,应由具有相应资质的设计单位按基建程序要求编制设计。若设计已经过审批,但现状设计条件发生较大变化的,应编制变更设计或重新编制设计。

(2)属于防汛维护性质的项目,一般由市(地)局组织编制工程项目实施方案;重大项目或技术复杂的项目,应由具有相应资质的设计单位编制工程项目初步设计。

项目实施方案应包括工程建设缘由、设计依据及标准、工程布置及结构、施工组织设计、工程预算等内容。

属于防汛维护性质的项目应按财政部、水利部颁发的《中央级防汛岁修经费使用管理办法(暂行)》《中央级防汛岁修经费项目管理办法(暂行)》《特大防汛抗旱补助费使用管理办法》《中央水利建设基金财务管理暂行办法》等规定,编制工程预算。

属于防洪基本建设性质的项目的初步设计及变更设计由黄河水利委员会计划主管部门组织审查、审批。

属于防汛维护性质的项目的实施方案或初步设计由黄河水利委员会防汛主管部门组织审查、审批。

项目的设计审批一般应在收到设计文件后 14 日内完成,情况紧急时,应立即办理。

四、项目实施

项目一般应在立项和设计被批准后开始实施。若情况紧急,报经黄河水利委员会主管部门同意后,可根据批准的工程建设方案先行实施,但应抓紧编制工程项目设计,并在 14 日内上报。

项目的施工单位应具有相应的施工资质。属于防洪基本建设性质的项目的施工单位一般由市(地)局通过邀请招标选取。情况紧急时,经黄河水利委员会主管部门批准,可由市(地)局直接选择施工单位。市(地)局确定的施工单位,须报经上级建设管理部门同意。属于防汛维护性质的项目,由市(地)局选择施工单位,并报经上级防汛主管部门同意。市(地)局应与确定的施工单位签订施工合同。

属于防洪基本建设性质的项目实行监理、监督制。市(地)局应选择具有相应资质的监理单位,并签订监理合同。并由当地工程质量监督站进行质量监督。属于防汛维护性质的黄河应急度汛工程项目实行质量监督制,由当地工程质量监督站进行质量监督。

五、项目验收

项目建成后一般需要立即投入使用,尽快进行投入使用验收。市(地)局一般应在 10 日内提出投入使用验收申请,情况紧急时,应缩短提出投入使用验收申请的时间。由省局负责组织,一般应在 15 日内组织验收,情况紧急时,应立即安排组织验收,参照《水利水电建设工程验收规程》中单位工程投入使用验收的规定执行。项目通过投入使用验收后,不再进行初步验收。

项目的竣工验收应执行《水利水电建设工程验收规程》。属于防洪基本建设性质的项目由建设主管部门负责组织竣工验收,属于防汛维护性质的项目由黄河水利委员会防汛主管部门负责组织竣工验收。

第七节 水毁修复项目

黄河水毁修复工程项目是指黄河防洪工程或水文、通信等设施受暴雨、洪水冲刷而遭到破坏,影响正常运用和黄河防洪安全,需修复的工程项目。项目的主管部门为黄河水利委员会防汛办公室。

对损坏严重而急需采取修复、加固措施的水毁修复工程项目,执行《黄河应急度汛工程项目管理办法》。一般(修复工作量小)水毁工程应及时修复,经费由下达的年度防汛岁修费列支。

一、设计审批

各管理局应及时组织对所辖防洪工程和防汛设施进行调查,准确掌握水毁情况,对损坏较严重需要修复的工程项目,按轻重缓急、统筹安排修复工程测量和设计工作。

一般黄河水毁修复工程项目可由所属市(地)局组织编制工程项目实施方案。重大或技术复杂的水毁修复工程项目,应由市(地)局委托具有相应资质的设计单位编制工程项目初步设计。

项目设计及实施方案编制应遵循恢复到原有规模和标准的原则。如确需扩大恢复规模或提高恢复标准,要进行充分论证。

黄河水毁修复工程项目实施方案应包括(一)工程项目概况说明、(二)工程建设或立项缘由、(三)工程建设方案、(四)工程建设标准、(五)工程结构设计、(六)工程量计算、(七)工程预算、(八)附图等主要内容。

黄河水毁修复工程项目预算编制时,项目预算表、工程单价可参照《水利工程设计概(预)算编制规定》的有关规定及有关定额编制。

人工预算单价采用当地黄河防洪基本建设采用的人工预算单价。独立费用只计列建设及施工场地征用费和综合管理费。综合管理费按建安工程费的3%计列,主要用于该项目的管理、前期勘测设计和质量监督等支出。基本预备费按建安工程费的3%计列。

项目设计及实施方案的编制工作应于当年年底完成,并按管理权限及时报主管单位审批。

山东境内防洪工程的单项水毁修复工程项目设计及实施方案一般由山东黄河河务局负责审批,对于严重的或技术复杂的由黄河水利委员会主管部门组织审批;项目设计及实施方案的审查审批工作一般应于次年2月底完成。

项目设计及实施方案经批复后,非特殊情况不得变更。对确需设计变更的项目,应将变更设计报原批复单位审批。

二、项目实施

县(市)局为黄河水毁修复工程项目的建设单位。在工程项目设计批复、计划下达后,建设单位应尽快组织实施,保证按设计工期完成。

建设单位可通过邀请招标选取黄河水毁修复工程项目的施工单位。情况紧急时,报经上一级主管部门同意后,建设单位可直接选择项目的施工单位。

项目建设实行合同管理和项目责任人负责制。建设单位应与选定的施工单位签订施工合同。建设单位应明确项目责任人。项目施工实行质量监督制和项目监理制,由相应的质量监督站和监理单位进行质量监督和监理。

三、项目验收

项目验收参照《水利水电建设工程验收规程》的有关规定执行。项目验收分为分部工程验收和竣工验收。项目的分部工程验收由建设单位负责组织。竣工验收由项目设计批复单位负责组织。项目实施完成后,建设单位一般应在 20 日内向上级单位申请竣工验收,并做好验收准备工作。

市(地)局一般应在接到验收申请文件后 14 日内组织进行初步验收。验收结束后,应及时将验收结果及有关竣工验收材料报设计批复单位。负责项目竣工验收的单位一般应在收到验收申请文件后 20 日内组织进行竣工验收。竣工验收主持单位或部门应在验收通过之日起 20 日内行文将"竣工验收鉴定书"原件发送有关单位。竣工验收提出的存在问题及整改意见,由项目建设单位或施工单位在要求的时间内落实,所需费用自行解决。

第八节　防凌调度应用

一、防凌相关规定

黄河凌汛突发性强、防守困难、危害严重,沿黄各级政府和防汛抗旱指挥部(简称防指)必须高度重视,认真落实防凌责任制、修订完善防凌预案、组织培训防凌队伍、储备防凌工具料物,做好各项防凌准备工作。

(一)防凌队伍

黄河防凌队伍主要由黄河专业队伍、群众防凌队伍(包括企业职工)、综合性消防救援队伍、解放军和武装警察部队等组成。各类黄河防凌队伍应于 11 月底前组建完毕并进行相应技术培训。

(1)黄河专业队伍:由黄河职工组成,是黄河防凌的技术骨干力量,担负着水情与工情测报、通信联络、冰凌观测、工程防守抢险、防凌抢险技术指导等任务。每个县河务局要成立 1~3 个冰凌观测组,黄河专业机动抢险队担负重大险情的抢护任务。

(2)群众防凌队伍:是黄河防凌的主力军,由沿黄一线乡(镇)组织,主要负责堤线防守、防洪工程查险、抢险、料物运输及滩区群众迁移安置等任务。根据承担任务的不同,分为基干班、抢险队、护闸队等,由县级防指视情调集。

(3)综合性消防救援队伍:承担着防范化解重大安全风险、应对处置各类灾害事故的重要职责。按照全省应急救援力量联调联战工作机制,在党委、政府统一领导下,应急管理部门和消防救援队伍组织指挥各类应急救援力量开展现场抢险救援工作,协助地方政府转移和救援群众。

（4）中国人民解放军和武装警察部队：是黄河防凌的突击力量，主要承担重点河段防守、重大险情抢护、行洪障碍及冰凌爆破、滩区群众紧急迁安救护等任务。沿黄各级防指要加强对防凌值班部队尤其是武警黄河防汛抢险突击队的培训，及时向值班部队通报凌情，充分发挥部队的黄河防凌抢险突击队作用。

（二）防凌料物

防凌工具料物根据凌汛需要有计划地筹集。黄河河务部门负责国家常备物资和防凌专用工器具的储备管理与调度，沿黄各级人民政府和防指负责社会团体和群众备料的筹集调运。

（三）河道清障

凌汛前，沿黄各级人民政府应当清除河道行凌障碍；凌汛期，严格按照水利部《黄河下游浮桥建设管理办法》和上级指令拆除浮桥，确保行凌畅通。

（四）引黄要求

凌汛期，沿黄各级防指做好引黄涵闸分凌、分水准备和跨流域调水渠道、渠首防凌工作，引黄供水优先考虑防凌安全。封河期要严格控制引水，必要时停止引水；开河期要尽量多引水，为"文开河"创造条件。

二、防凌形势

（一）热力条件

从热力条件看，黄河下游从 20 世纪 80 年代初以来已连续发生二十多年的暖冬天气。但近年来，受全球气候变化影响，极端天气气候事件呈多发、频发态势，气象的不稳定因素及风险增加，防凌工作的不确定性将进一步增强，黄河防凌可能面临严峻的考验。

（二）水流条件

从水流条件看，山东黄河下游窄河道的流量不能完全控制在有利状态。一是小浪底等水库距黄河下游卡口河段较远，若遇突发凌情，即使小浪底水库立即关闸，仅 700 多 km 河槽内数亿立方米的蓄水，也可能导致严重凌汛。二是冬季跨流域调水、引黄供水与防凌矛盾突出。除沿黄地区引水外，还将可能实施引黄入冀和胶东调水，开关闸易造成流量不稳定，引发凌汛灾害。如遇特殊天气造成引水渠道卡冰漫溢或决口，需要紧急关闭引黄闸，将导致引黄渠首以下河道流量剧增，极易引发局部河段"武开河"或冰塞冰坝。

（三）河道边界条件

黄河下游河道上宽下窄，弯曲多变，边界条件复杂，凌汛期河道水位表现较高，变化快，易卡冰壅水，且下游是不稳定封冻河段，多次封、开河形成的冰凌，在向下游输移过程中，遇到河道狭窄、弯曲、沙洲等处，易发生冰塞、冰坝，有可能造成凌水漫滩。

近年来，随着经济社会的快速发展，跨河交通越来越多，对河道行凌十分不利，封开河期间极易导致卡冰阻水，直接影响防凌安全。同时浮桥本身也存在安全隐患，如拆除不及时、拆除宽度不够或拆下的浮舟锚固不牢，同时黄河冰凌也危及浮桥本身及桥上车辆、人员的安全。

（四）防洪工程方面

一是新建、改建河道工程未经过大洪水考验。二是个别河段不利河势没有得到有效控制,部分工程根石基础薄弱,即使中小洪水也易发生较大河势变化或严重险情。

(五)非工程措施方面

一是黄河凌汛出险突发性强,河道一旦形成冰坝,水位急剧上涨,险情发展难以预料。加上天寒地冻,取土困难,对查险、防守和抢护极为不利,许多抢险方法、措施难以实施。爆破和抢险技术不够熟练,防凌抢险难度大。二是气象预报影响因素多,极端天气事件增多,对封、开河影响规律不能全面掌握。三是凌汛水位上涨快、漫滩突然,滩区群众紧急迁移安置难度大。四是冰凌测报手段还需进一步提高。冰凌观测还是以人工观测为主,而近年来基层单位人员严重不足,加上交通车辆缺乏,极大地影响了工作的开展。

总之,黄河防凌形势不容乐观,各级必须高度重视,切实做好防凌的各项工作。

三、防凌措施

黄河下游凌汛期(12月1日起至次年的2月底),冰凌的发生、发展一般包括淌凌期、封河发展期、封河稳定期和开河期4个阶段(特殊年份除外),根据各阶段的不同特点,应采取不同的处置措施。

(一)淌凌期

当气温下降,河道内出现冰花,并逐渐冻结成流冰,河道岸边出现岸冰。随着气温下降,流冰加厚、面积增大,岸冰加宽、增长。当流凌达到一定密度时,冰块易在狭窄、急弯、浅滩河段相互冻结,逆流上排,形成河道封冻。该时期主要采取以下措施:

(1)黄河防办及时掌握天气、水情、凌情发展变化,做好凌情观测分析工作。

(2)各冰凌观测组按《山东黄河冰凌观测规定》的要求进行测报,发现冰凌堆积或有封河迹象,及时逐级上报。

(3)清除行洪障碍,严格按照上级有关要求和省防指《山东黄河浮桥建设与管理实施细则》的规定,及时拆除浮桥,确保行凌畅通。

(4)做好引黄闸,分、泄洪闸的检修、调试工作,保证启闭灵活,做好分凌分水准备。

(二)封冻发展期

从黄河下游出现封河之日起,随着沿河持续低温,封冻河段成连续或阶梯型迅速向上游发展。封河形式分为平封、立封(插封)两种。封冻发展期因冰盖下水流不畅,封冻河段上游水面纵比降变缓,流速减小,水位壅高,产生冰下槽蓄增量。如壅水过高,将造成部分滩区漫滩,控导工程漫顶,凌水偎堤,严重时可能形成冰塞、冰坝,威胁堤防安全。该时期主要采取以下措施:

(1)沿黄各级防指加强对防凌工作的领导。各级防指组织开展好防凌工作,当出现冰塞、冰坝或壅水漫滩时,各地分管黄河防汛的行政首长上岗到位指挥防凌工作。

(2)各黄河防办及时掌握水情、凌情、工情变化,并及时上报。各冰凌观测组坚守岗位,严格按冰凌观测规定进行观测,重点掌握封冻地点、段数、长度、冰厚及冰水漫滩的地点、时间、范围、堤根水深、受灾人口等情况。

(3)壅水较严重时,加强工程防守。黄河职工严格执行班坝责任制,进行工程巡查防守,发现险情及时抢护,专业抢险队做好抢险的一切准备。漫滩偎堤河段,据情调集部分基干班防守。当出现冰塞、冰坝、严重壅水漫滩时,行政首长到黄河防办或现场指挥,调集群众防凌队伍上堤防守抢险,并据情请求解放军和武警部队支援。

(4)做好凌水漫滩抢护工作。一旦发生凌水漫滩,移民迁安指挥部要及时做好漫水滩区群众的迁安救护。

(三)封冻稳定期

此阶段天气、水情、河道凌情基本稳定,每天变化较小,是相对安全期。该时期主要采取以下措施:

(1)各级黄河防办密切注意天气、水情、凌情变化,搞好分析预测,提出下一步防凌的措施和建议,尽量保持河道流量稳定。

(2)各冰凌观测组坚持正常观测,掌握天气、水情、冰情的变化,并按上级要求统一进行冰凌普查,对壅水严重的河段组织专门力量,加强观测和分析,研究制定相应的防范措施。

(3)各基干班、抢险队加强防凌抢险技术培训和演练,充分做好抢险准备。

(4)当气温回升,即将进入开河期时,要进一步加强冰凌观测与分析预测,每天至少观测2次(上午、下午各一次),并提前做好应对开河的准备。

(四)开河期

开河期是黄河下游凌汛最易发生险情的阶段,开河形式一般分为"文开河"和"武开河",根据不同的开河形式,应采取不同的措施。

1. 文开河

"文开河"是指气温逐渐回升,冰质变弱,上、下游河道内封冻基本就地融化,在河道水位、流量比较平稳的情况下逐渐解冻开河,一般不会造成漫滩。

出现"文开河",除各级领导坚守岗位,适时调度,各抢险队伍做好各种抢险准备以外,重点是水文、气象部门及时准确地进行天气、水情测报,各冰凌观测组密切注视冰凌变化。各级黄河防办全面掌握凌情信息,及时分析、预测凌情发展趋势,搞好防凌调度,严格控制涵闸引水,冰凌爆破队视情做好爆破准备,防止出现"武开河"。

2. 武开河

"武开河"是危害严重的开河形式,历史上黄河下游凌汛决口大多是由"武开河"造成的。"武开河"的形成是随着气温回升上游河段先开河,河槽蓄水量迅速释放,河道流量沿程加大,水位升高,冰水齐下;而此时下游河段气温尚低,冰质坚硬,封冰被上游冰水鼓开,呈现水鼓冰开的"强制性"开河状态。"武开河"时,凌洪来势迅猛,如在窄弯或宽浅河段卡冰,极易形成冰塞、冰坝,堵塞过流断面,水位陡涨漫滩,危及堤防安全。

当出现"武开河"或有"武开河"迹象时采取以下措施:

(1)加强领导,充实力量。各级防指的主要领导要把黄河防凌工作作为重点,指挥、调度好黄河防凌抢险救灾工作,并按照防凌责任制的要求实行包堤段、包险工、包涵闸的岗位责任制,根据凌情的发展及时充实防凌力量。

(2)加强凌情观测与分析。各级气象部门要搞好气象分析预报。各级黄河防办密切注视天气、凌情、工情变化,及时分析、预测凌情发展趋势,掌握不同河段的开河情况,对历史上曾经形成冰坝的河段和易形成冰塞、冰坝的河段加强观测力量,加密测次。组织机动观测组跟踪开河水头,详细掌握开河情况,及时汇报,据情提出处置措施,防止卡冰壅水。

（3）加强防守与抢护。凌洪漫滩偎堤后及时安排人员防守，群众防汛队伍上堤后，由乡（镇、街道办）带队干部认真组织巡堤查险，对薄弱堤段和堤根水深的堤段部署专门力量重点防守，尤其是对危险堤段固定专人轮流昼夜监视，发现险情，及时上报，及时调集抢险队伍和物资设备抢护，确保堤防安全。基干班上堤防守及撤防参照《东平湖防汛预案》中"防汛队伍的组成及调用原则"的有关规定执行。各级专业抢险队和防凌值班部队集结待命，高度戒备，随时准备投入抢险。

（4）做好滩区群众迁安救护工作。当发现河道水位快速升高，有漫滩危险时，所在县迁安救护指挥部组织要迅速组织人员将可能漫滩村庄的群众外迁，必要时申请中国人民解放军和武警部队支援。

（5）各分洪闸、引黄闸要按照上级指令做好开闸分水准备，以减轻上游来水压力。

（6）做好防御严重凌汛的有关工作。发生严重凌情，危及防洪工程安全，可能造成大的凌灾时，省防指和相关市、县防指组织更多的力量和物资设备，全力投入防凌抢险，确保防凌安全。

第十二章　汛后运行管理工作

一、汛后河势查勘

汛末,防办组织技术人员,采取乘车与徒步相结合的方式,对辖区上游河段以及所辖重点坝岸的靠水着溜情况、重点河段的滩地变化情况,以及对岸相关防洪工程等方面情况进行查勘。对河宽、坝岸着溜、河势变化、滩岸坍塌等情况进行了详细观测、记录,形成汛末河势查勘报告上报。

汛后河势查勘报告主要包括河势基本情况、来水来沙情况、工程出险情况、河势主要变化情况及原因分析、河道治理建议等。

二、汛后根石探测

汛后,流量逐渐减小,水位降低,工程靠溜坝岸失去洪水依托,会不同程度发生根石走失,导致基础薄弱,给防凌工作造成威胁。因此,每年10—11月,针对靠水坝岸汛期出险情况、落水期根石走失情况,对靠溜坝岸进行根石探测,探摸的坝垛数量不少于当年靠河坝垛数量的50%。根据探摸结果,拟写根石探测报告。报告中写明该坝已采取的抢险方法或加固措施,上报上级主管部门。根据上级意见,对缺石坝岸进行根石加固,为防凌和次年防汛夯实基础。

三、年度防汛总结

汛后,对汛期工情、水情、汛情预警情况、流量与水位关系曲线、河势同比变化、防洪预案操作性、专防与群防队伍配合成效、防汛物资供应时效、抢险机械组合效能、各项防汛责任制落实等情况进行总结。对运行亮点列举经验,对运行中梗阻分析原因,拟写汛末防汛工作总结。汛末防汛工作总结包括工程基本情况、备汛完成情况、预案执行情况(演练、不足)、运行管理情况(人材机、防汛调度)、河势演变分析、水位流量分析、出险原因分析、经验教训总结、意见建议等。

各级防指办根据汛末防汛工作总结完善相关规章制度、运行流程、防洪预案等,进一步压实防汛各项责任制。

第十三章　堤防工程抢险技术

黄河堤防在汛期高水位作用下易出现的险情有渗水、管涌、漏洞、滑坡、跌窝、坍塌、裂缝、风浪和漫溢等。洪水期应及时巡堤查险，一旦发现险情，应分析出险原因，立即采取处理措施，以防险情扩大并应及时上报。抢险工作结束后，要继续留人观测，发现异常及时处理。

第一节　渗水险情抢护

一、险情说明

洪水偎堤后，临河堤坡长时间在高水位作用下受力，在渗压作用下，水向堤身内渗透，在背河堤坡或堤脚附近，出现表土潮湿、发软、有水流渗出或有积水的现象，称为渗水险情。渗透水流表面与堤身横断面的交线称为浸润线（背河堤坡干湿部分的分界线），见图 13-1。

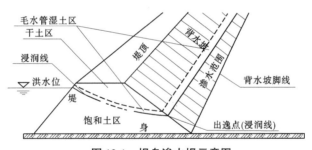

图 13-1　堤身渗水堤示意图

二、原因分析

(1)水位超过堤防工程设计标准或超过警戒水位持续时间较长。

(2)堤防工程断面不足，浸润线在背水坡出逸点偏高。

(3)堤身土质多沙，透水性强，无防渗斜墙。

(4)堤身碾压不实或土石结合部、分段结合部不密实。

(5)堤身有洞穴、树根等隐患。

三、险情判别

(1)如背水坡渗出少量清水，出逸点较低，且无扩大趋势，预报水位不再上涨时，可暂不抢险，但须专人值守观察。

（2）如背水坡渗出清水，但出逸点较高（黏性土堤防工程不能高于堤坡的1/3，对于沙性土堤防工程，一般不允许堤身渗水），则必须立即抢护，以防发展成管涌、漏洞、滑坡等险情。

（3）如背水坡渗水严重或渗水已经冲刷堤坡，出现浑水，有发生流土的可能，说明险情正在恶化，必须立即抢险，防止险情进一步扩大。

四、抢护原则

渗水抢护的原则是"临水面截渗、背水面导渗"。"临水面截渗"是在临水面用不透水材料、黏性土截住渗水入口，减少渗水量。"背水面导渗"是在背水面用透水材料如砂砾石等作反滤层，对散浸范围大的应开导渗沟，减小渗压和出逸流速，抑制土颗粒被带走，稳定堤身。为避免贻误时机，对小型堤坝而言，一般先进行"背水面导渗"，视情况再进行"临水面截渗"。

五、抢护方法

（一）土工膜截渗

当临水堤坡较平整时，可采用土工膜截渗，如图13-2所示。其做法是：将直径4~5 cm的钢管固定在土工膜的下端，卷好后将上端系于堤顶木桩上，沿堤坡滚下，并在其上压盖土袋。

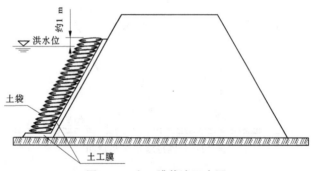

图13-2　土工膜截渗示意图

（二）梢料反滤层

先将渗水堤坡、堤脚清理整平，铺一层麦秸、稻草等细料，厚约15 cm，然后铺一层细柳料或苇料，梢尖朝下，厚约20 cm，再铺一层横柳枝，上压土袋。另外，还有反滤导渗沟，当背水坡出现大面积严重渗水时，开挖导渗沟，沟内铺设反滤料，使渗水集中排出。梢料反滤层如图13-3所示。

（三）透水后戗

当堤坡渗水严重、沙土料源丰富、施工机具充足时，可抢筑透水后戗，如图13-4所示。抢筑前，先清除地表杂物。修筑的后戗，戗顶一般高出浸润线出逸点0.5~1 m、顶宽2~4 m，戗坡1:3~1:5，长度超过渗水堤段两端各5 m。

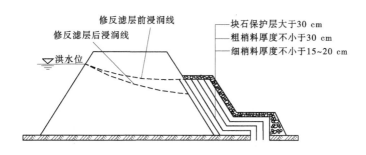

图13-3　梢料反滤层示意图

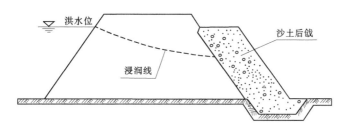

图13-4　沙土后戗示意图

第二节　管涌险情抢护

一、险情说明

管涌多发生在背河坡脚附近地面及坑塘中。在汛期高水位时,渗透压力加大,当渗透坡降大于堤基表层土的允许渗透坡降时,土中的细颗粒被渗水带出,落于孔口周围形成沙环,即形成管涌险情。在砂砾土中表象为泉眼群、沙沸,土体翻滚最终被渗水托起;在黏性土表象为土块隆起、膨胀、浮动、断裂等,又叫"牛皮胀"。发现管涌险情后,应及时抢护。

二、原因分析

一般是堤基下有强透水砂层,或地表虽有黏性土覆盖,但由于天然或人为的因素,土层被破坏。在汛期高水位时,渗透坡降变陡,渗流的流速和压力加大。当渗透坡降大于堤基表层弱透水层的允许渗透坡降时,即发生渗透破坏,形成管涌。或者在背水坡脚以外地面,因取土、建闸、开渠、钻探、基坑开挖、挖水井、挖鱼塘等及历史溃口留下冲潭等,破坏表覆盖,在较大的水力坡降作用下冲破土层,将下面地层中的粉细砂颗粒带出而发生管涌。

三、险情判别

管涌险情的严重程度一般可以从以下几个方面加以判别,即管涌口离堤脚的距离、涌水浑浊及带沙情况、管涌口直径、涌水量、洞口扩展情况、涌水水头等。

由于抢险的特殊性,目前都是凭查险人员的经验来判断。具体操作时,管涌险情的危害程度可从以下几方面分析判别:

(1)管涌一般发生在背水堤脚附近地面或较远的坑塘洼地。距堤脚越近,其危害性就越大。一般以距堤脚15倍水位差范围内的管涌最危险,在此范围以外的次之。

(2)有的管涌点距堤脚远一点,但是管涌不断发展,即管涌口径不断扩大,管涌流量不断增大,带出的沙越来越粗,数量不断增大,这也属于严重险情,需要及时抢护。

(3)有的管涌发生在农田或洼地中,多是管涌群,管涌口内有沙粒跳动,似"煮稀饭",涌出的多为清水,险情稳定,可加强观测,暂不处理。

(4)管涌发生在坑塘中,水面会出现翻花鼓泡,水中带沙、色浑,有的由于水较深,水面只看到泡,可潜水探摸,是否有凉水涌出或在洞口是否形成沙环。需要特别指出的是,由于管涌险情多数发生在坑塘中,管涌初期难以发现。

(5)堤背水侧地面隆起(牛皮包、软包)、膨胀、浮动和断裂等现象也是产生管涌的前兆,只是目前水的压力不足以顶穿上覆土层。随着大河水位的上涨,有可能顶穿,因而对这种险情要高度重视并及时进行处理。

四、抢护原则

堤防工程发生管涌,其渗流入渗点一般在堤防工程临水面深水下的强透水层露头处,汛期水深流,很难在临水面进行处理。所以,险情抢护一般在背水面,其抢护以"反滤导渗,控制涌水带沙,留有渗水出路,防止渗透破坏"为原则。对于小的仅冒清水的管涌,可以加强观察,暂不处理;对于流出浑水的管涌,不论大小,均必须迅速抢护,决不可麻痹疏忽,贻误时机,造成溃口灾害。"牛皮包"在穿破表层后,应按管涌处理。有压渗水会在薄弱之处重新发生管涌、渗水、散浸,对堤防工程安全极为不利,因此防汛抢险人员应特别注意。

五、抢护方法

(一)反滤围井

在管涌出口处,抢筑反滤围井,制止涌水带沙,防止险情扩大。此法一般适用于背河地面或洼地坑塘出现数目不多和面积较小的管涌,以及数目虽多,但未连成大面积、可以分片处理的管涌群。对位于水下的管涌,当水深较浅时,也可采用此法。根据所用材料不同,具体做法有以下几种。

1.砂石反滤围井

在抢筑时,先将拟建围井范围内杂物清除干净,并挖去软泥约20 cm,周围用土袋排垒成围井。围井高度以能使水不挟带泥沙从井口顺利冒出为度。围井内径一般为管涌口直径的10倍左右,多管涌时四周也应留出空地,以5倍直径为宜。井壁与堤坡或地面接触处,必须做到严密不漏水。井内如涌水过大,填筑反滤料有困难,可先用块石或砖块袋装填塞,待水势消杀后,在井内再做反滤导渗,即按反滤的要求,分层抢铺反滤料(下层粗砂、中层小石子,上层大石子),每层厚20~30 cm,并在反滤层顶面设置排水管,以防溢流冲塌井壁,如图13-5所示。如发现填料下沉,可继续补充滤料,直至稳定。如一次铺设未能达到制止涌水带沙的效果,可以拆除上层填料,再按上述层次适当加厚填筑,直至渗水变清。

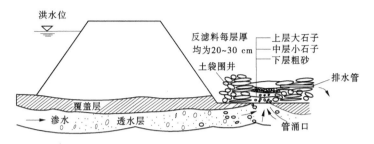

图 13-5　砂石反滤围井示意图

2. 梢料反滤围井

在缺少砂石的地方,抢护管涌可采用梢料代替砂石,修筑梢料反滤围井。细料可采用麦秸、稻草等,厚 20~30 cm;粗料可采用柳枝、秫秸和芦苇等,厚 30~40 cm;其他与砂石反滤围井相同。但在反滤梢料填好后,顶部要用块石或土袋压牢,以免漂浮冲失,如图 13-6 所示。

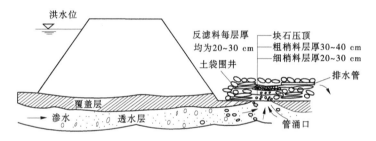

图 13-6　梢料反滤围井示意图

(二)背河月堤(养水盆)

当背河堤脚附近出现分布范围较大的管涌群时,可在管涌范围外用土或土袋抢筑月堤(如图 13-7 所示),积蓄涌水,抬高水位减小渗透压力,延缓涌水带沙速度。随着水位升高,需对月堤帮宽加高,直至险情稳定。月堤高度一般不超过 2 m。

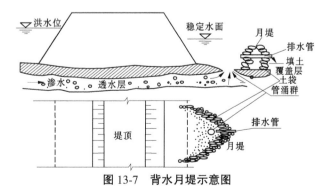

图 13-7　背水月堤示意图

(三)反滤铺盖

在背河大面积出现管涌时,如料源充足,可用反滤铺盖抢护。即在出现管涌的范围内,分层铺填透水性良好的反滤料,制止地基土颗粒流失。根据所用反滤材料的不同,分为梢料反滤铺盖和砂石反滤铺盖。

1.梢料反滤铺盖

先将渗水堤坡、堤脚清理整平,铺一层麦秸、稻草等细料,厚约 15 cm,然后铺一层细柳料或苇料,梢尖朝下,厚约 20 cm,再铺一层横柳枝,上压土袋,如图 13-8 所示。

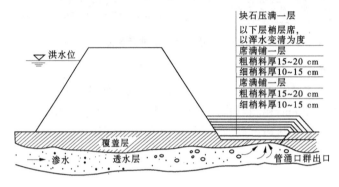

图 13-8　梢料反滤压盖示意图

2.砂石反滤铺盖

先将渗水堤坡、堤脚清理整平,铺一层粗砂,厚约 20 cm,然后铺一层小石子,厚约 20 cm,再铺一层大石子,厚约 20 cm,上压块石或片石,如图 13-9 所示。

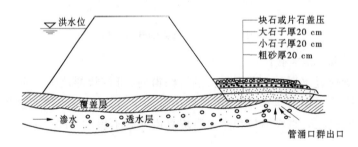

图 13-9　砂石反滤压(铺)盖示意图

第三节　漏洞险情抢护

一、险情说明

汛期在背水坡或背水坡脚附近出现横贯堤身或堤基的渗流孔洞,称为漏洞。漏洞又分为清水漏洞和浑水漏洞。黄河堤防土质多沙,抗冲能力弱,漏洞扩展迅速,极易造成决口。发现漏洞后,必须尽快查出进水口,全力以赴,迅速抢堵。同时,在背河出水口采取反滤措施,以缓和险情。抢堵后应有专人观察。

二、原因分析

漏洞产生的原因是多方面的,一般有以下几点:

(1)由于历史原因,堤身内部遗留有屋基、墓穴、战沟、碉堡、暗道、灰隔、地窖等,筑堤时未清除或清除不彻底。

(2)堤身填土质量不好,土料含沙量大,未夯实或夯实达不到标准,有土块或架空结构,在高水位作用下,土块间部分细料流失,堤身内部形成越来越大的孔洞。

(3)堤身中夹有沙层等,在高水位作用下,沙粒流失,形成流水通道。

(4)堤身内有白蚁、蛇、鼠、獾等动物洞穴,腐朽树根或裂缝,在汛期高水位作用下,淤塞物冲开,渗水沿裂缝隐患、松土串连面成漏洞。

(5)在持续高水位条件下,堤身浸泡时间长,土体变软,更易促成漏洞的生成,故有"久浸成漏"之说。

(6)位于老口门和老险工部位的堤段,筑堤时对原有抢险所用抢险木桩、柴料等腐朽物未清除或清除不彻底,形成漏水通道。

(7)复堤结合部位处理不好或产生过贯穿裂缝处理不彻底,一旦形成集中渗漏,即有可能转化为漏洞。

(8)沿堤修筑涵闸或泵站等建筑物时,建筑物与土堤结合部填筑质量差,在高水位时浸泡渗水,水流由小到大,冲走泥土,形成漏洞。

三、险情判别

从漏洞形成的原因及过程可以知道,漏洞是贯穿堤身的流水通道,漏洞的出口一般发生在背水坡或堤脚附近,其主要表现形式有:

(1)漏洞开始因漏水量小,堤土很少被冲动,所以漏水较清,也叫清水漏洞。此情况的产生一般兼有渗水的发生,初期易被忽视。但只要查险仔细,就会发现漏洞周围渗水的水量较其他地方格外大,应引起特别重视。

(2)漏洞一旦形成后,出水量明显增加,且多为浑水,漏洞形成后,洞内形成一股集中水流,来势凶猛,漏洞扩大迅速。由于洞内土的逐步崩解、逐渐冲刷,出水水流时清时浑,时大时小。

(3)漏洞险情的另一表现特征是漏洞进水口水深较浅,无风浪时,水面上往往会形成漩涡,所以在背水侧查险发现渗水点时,应立即到临水侧查看是否有漩涡产生。如漩涡不明显,可在水面撒些麦麸、谷糠、碎草、纸屑等碎物,如果发现这些东西在水面打旋或集中一处,表明此处水下有进水口。

(4)漏洞与管涌的区别在于前者发生在背河堤坡上,后者发生在背河地面上;前者孔径大,后者孔径小;前者发展速度快,后者发展速度慢;前者有进口,后者无进口等。综合比较,不难判别。

四、抢护原则

抢护漏洞的原则是"前堵后导,临背并举"。应首先在临水坡查找漏洞进水口,及时堵塞,截断漏水来源。同时在背水坡漏洞出水口采取反滤盖压,制止土料流失,使浑水变清水,防止险情扩大。切忌在背河出水口用不透水料物强塞硬堵,以免造成更大险情。切忌在堤脚附近打桩,防止因震动而进一步恶化险情。一般漏洞险情发展很快,特别是浑水漏洞,危及堤身安全,所以抢护漏洞险情要抢早抢小,一气呵成,决不可贻误战机。

五、抢护方法

(一)软帘盖堵

当知道漏洞进口大致位置,且附近堤坡无树木杂物时,可用软帘盖堵。软帘可用复合土工膜或篷布制作。软帘应自临河堤肩顺坡铺放,然后抛压土袋,再填土筑戗。

(二)临河月堤

当临河水深较浅、流速较小、洞口在堤脚附近时,可在洞口外侧用土袋迅速抢筑月形围埝,圈围洞口,同时在围埝内快速抛填黏性土,封堵洞口。

(三)反滤围井

发现漏洞后,无论进水口是否找到,均应在出水口迅速抢筑反滤围井,以延缓漏洞发展速度。滤井内可填砂石或柳秸料,围井内径2~3 m,井高约2 m;也可抢修背河月堤,形成养水盆或在月堤内加填反滤料。

第四节　滑坡险情抢护

一、险情说明

堤防滑坡又称脱坡,主要是边坡失稳下滑造成的。一般是由于水流淘刷、内部渗水作用或上部压载所造成的。开始时,在堤顶或堤坡上发生裂缝或蛰裂,随着险情的发展,即形成滑坡。滑坡后堤身断面变窄,水流渗径变短,易诱发其他险情。滑坡险情发现后,应查明原因,及时抢护。

二、原因分析

(1)高水位持续时间长,在渗透水压力的作用下,浸润线升高,土体抗剪强度降低,在渗水压力和土重增大的情况下,可能导致背水坡失稳,特别是边坡过陡时,更易引起滑坡。

(2)堤基处理不彻底,松软夹层、淤泥层,坡脚附近有渊潭和水塘等有时虽已填塘,但施工时未处理,或处理不彻底,或处理质量不符合要求,抗剪强度低。

(3)在堤防工程施工中,由于铺土太厚,碾压不实,或含水量不符合要求,干容重没有达到设计标准等,致使填筑土体的抗剪强度不能满足稳定要求。冬季施工时,土料中有冻土块,形成冻土层,解冻后水浸入软弱夹层。

(4)堤身加高培厚时,新旧土体之间结合不好,在渗水饱和后,形成软弱层。

（5）高水位时，临水坡土体处于大部分饱和、抗剪强度低的状态下。当水位骤降时，临水坡失去外水压力支持，加之堤身的反向渗压力和土体自重大的作用，可能引起失稳滑动。

（6）堤身背水坡排水设施堵塞，浸润线抬高，土体抗剪强度降低。

（7）堤防工程本身稳定安全系数不足，加上持续大暴雨或地震、堤顶堤坡上堆放重物等外力的作用，易引起土体失稳而造成滑坡。

（8）水中填土坝或水坠坝填筑进度过快，或排水设施不良，形成集中软弱层。

三、险情判别

滑坡对堤防工程安全威胁很大，除经常进行检查外，当存在以下情况时，更应严加监视：一是高水位时期；二是水位骤降时期；三是持续特大暴雨时；四是春季解冻时期；五是发生较强地震后。发现堤防工程滑坡征兆后，应根据经常性的检查资料并结合观测资料，及时进行分析判断，一般应从以下几方面着手：

（1）从裂缝的形状判断。滑动性裂缝的主要特征是，主裂缝两端有向边坡下部逐渐弯曲的趋势，两侧往往分布有与其平行的众多小缝或主缝上下错动。

（2）从裂缝的发展规律判断。滑动性裂缝初期发展缓慢，后期逐渐加快，而非滑动性裂缝的发展则随时间逐渐减慢。

（3）从位移观测的规律判断。堤身在短时间内出现持续而显著的位移，特别是伴随着裂缝出现连续性的位移，而位移量又逐渐加大，边坡下部的水平位移量大于边坡上部的水平位移量；边坡上部垂直位移向下，边坡下部垂直位移向上。

四、抢护原则

造成滑坡的原因是滑力超过了抗滑力，所以滑坡抢护的原则应该是设法减小滑动力和增加抗滑力。为"清除上部附加荷载，视情况削坡，下部固脚压重"。对因渗流作用引起的滑动，必须采取"临截背导"，即临水帮戗，以减少堤身渗流的措施。

五、抢护方法

（一）沙土还坡

当堤背滑坡发生在堤腰以上，或堤肩下部发生蛰裂下挫时，应采用此法。如基础不好，应先加固地基，可将土袋、块石、铅丝笼等重物堆放在滑坡体下部，起阻止继续下滑和固脚的双重作用。然后对滑体的松土、软泥、草皮及杂物等进行清除，并将滑坡上部陡坎削成缓坡，然后按原坡度回填透水料。沙土还坡如图13-10所示。

（二）滤水土撑

滤水土撑适用于堤防背水坡范围较大、险情严重、取土困难的滑坡抢护，如图13-11所示。先在滑坡体上铺一层透水土工织物，然后在其上填筑砂性土，分层轻轻夯实而成土撑。一般每条土撑顺堤方向长10 m，顶宽3~8 m，边坡1:3~1:5，土撑间距8~10 m，修在滑坡体的下部。如堤基有软泥，需先用块石、沙袋固基。

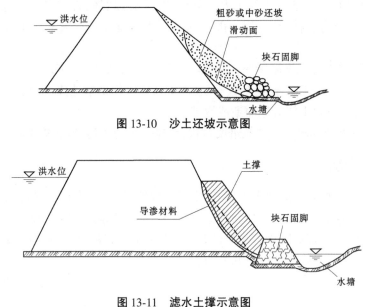

图 13-10　沙土还坡示意图

图 13-11　滤水土撑示意图

第五节　跌窝险情抢护

一、险情说明

跌窝又称陷坑,一般是在大雨、洪峰前后或高水位情况下,经水浸泡,在堤顶、堤坡、戗台及坡脚附近,突然发生局部凹陷而形成的一种险情,这种险情既会破坏堤防的完整性,又常缩短渗径,有时还伴随渗水、漏洞等险情发生,严重时有导致堤防突然失事的危险。

二、原因分析

(1)施工质量差。施工质量差主要表现在:堤防分段施工,两工段接头未处理好;堤身、堤基局部不密实。

(2)堤防本身有隐患。堤身、堤基内有洞穴,以及过去抢险抛投的土袋、木材、梢杂料等日久腐烂形成的空洞等。

(3)伴随渗水、管涌或漏洞形成。由于堤防渗水、管涌或漏洞等险情未能及时发现和处理,使堤身或堤基局部范围内的细土料被渗透水流带走、架空,最后土体支撑不住,发生塌陷而形成跌窝。

三、抢护原则

根据险情出现的部位及原因,采取不同的措施,以"抓紧翻筑抢护,防止险情扩大"为原则,在条件允许的情况下,可采用翻挖分层填土夯实的方法予以彻底处理。当条件不允许时,如水位很高、跌窝较深,可进行临时性的填筑处理,临河填筑防渗土料。如跌窝处伴有渗水、管涌或漏洞等险情,也可采用填筑导渗材料的方法处理。

四、抢护方法

(1)翻填夯实:凡是在条件许可,而又未伴随渗水、管涌或漏洞等险情的情况下,均可采用此法。具体做法是:先将跌窝内的松土翻出,然后分层填土夯实,直至填满跌窝,恢复堤防原状为止。

(2)填塞封堵:当跌窝出现在水下时,可用草袋、麻袋或土工编织袋装黏性土或其他不透水材料直接在水下填实跌窝,待全部填满后再抛黏性土、散土加以封堵和帮宽,要封堵严密,防止在跌窝处形成渗水通道。

(3)填筑滤料:跌窝发生在堤防背水坡,伴随发生渗水或漏洞险情时,除尽快对堤防迎水坡渗漏通道进行截堵外,对不宜直接翻筑的背水跌窝,可采用填筑滤料法抢护,如图13-12所示。具体做法是:先清除跌窝内松土或湿软土,然后用粗砂填实,如涌水水势严重,按背水导渗要求,加填石子、块石、砖块、梢料等透水材料,以消杀水势,再予填实。待跌窝填满后可按砂石滤层铺设方法抢护。

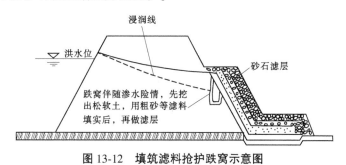

图 13-12 填筑滤料抢护跌窝示意图

第六节 坍塌险情抢护

一、险情说明

坍塌是堤防、坝岸临水面土体崩落的重要险情,是指顺堤行洪走溜,水流淘刷堤脚,造成堤坡失稳坍塌的险情。该险情一般长度大、坍塌快,如不及时抢护,会冲决堤防。对水深溜急坍塌长的堤段,应采用垛或短丁坝群导溜外移,保护堤防,其他冲塌险情可按缓流固脚原则抢护。堤岸坍塌主要有以下两种类型:

(1)崩塌。由于水流将堤岸坡脚淘刷冲深,岸坡上层土体失稳而崩塌,其岸壁陡立,每次崩塌土体多呈条形,其长度、宽度、体积比弧形坍塌小,简称条崩。当崩塌在平面上和横断面上均为弧形阶梯式土体崩塌时,其长度、宽度、体积远大于条崩,简称窝崩。

(2)滑脱。是堤岸一部分土体向水内滑动的现象。

这两种险情,以崩塌比较严重,具有发生突然、发展迅速、后果严重的特点。造成堤岸崩塌的原因是多方面的,故抢护的方法也比较多。

二、原因分析

（1）有环流强度和水流挟沙能力较大的洪水。

（2）坍塌部位靠近主流，直接冲刷。

（3）堤岸抗冲能力弱。因水流淘刷冲深堤岸坡脚，在河流的弯道，主流通近凹岸，深泓紧逼堤防。在水流侵袭、冲刷和弯道环流的作用下，堤外滩地或堤防基础逐渐被淘刷，使岸坡变陡，上层土体内部的摩擦力和黏结力抵抗不住土体的自重和其他外力，使土体失去平衡而坍塌，危及堤防。

（4）横河、斜河的水流直冲堤防、岸坡，加之溜靠堤脚，且水位时涨时落，溜势上提下挫，在土质不佳时，容易引起堤防坍塌险情。

（5）水位陡涨骤降，变幅大，堤坡、坝岸失去稳定性。在高水位时，堤岸浸泡饱和，土体含水量增大，抗剪强度降低；当水位骤降时，土体失去了水的顶托力，高水位时渗入土内的水，又反向河内渗出，促使堤岸滑脱坍塌。

（6）堤岸土体长期经受风雨的剥蚀、冻融，黏性土壤干缩或筑堤时碾压质量不好，堤身内有隐患等，常使堤岸发生裂缝，破坏了土体整体性，加上雨水渗入，水流冲刷和风浪振荡的作用，促使堤岸发生坍塌。

（7）堤基为粉细沙土，不耐冲刷，常受溜势顶冲而被淘刷，或因震动使沙土地基液化，也将造成堤身坍塌。坍塌险情如不及时抢护，将会造成溃堤灾害。

三、抢护原则

抢护坍塌险情要遵循"护基固脚、缓流挑流；恢复断面，防护抗冲"的原则。以固基、护脚、防冲为主，增强堤岸的抗冲能力，同时尽快恢复坍塌断面，维持尚未坍塌堤岸的稳定性，必要时修做坝垛工程挑流外移，制止险情继续扩大。在实地抢护时，应因地制宜，就地取材，抢小抢早。

四、抢护方法

探测堤防、堤岸防护工程前沿水深或基础被冲深度，是判断险情轻重和决定抢护方法的首要工作。一般可用探水杆、铅鱼从测船上测量堤防、堤岸防护工程前沿水深，并判断河底土石情况。通过多点测量，即可绘出堤防、堤岸防护工程前沿的水下断面图，以大体判断堤防、堤岸防护工程基础被冲刷的情况及地石等固基措施的防护效果。与全球定位仪（GPS）配套的超声波双频测深仪法是测量堤防、堤岸防护工程前沿水深和绘制水下断面地形图的先进方法。在条件许可的情况下，可优先选用。因为这一方法可十分迅速地判断水下冲刷深度和范围，以赢得抢险时间。

（1）护脚固基防冲：当堤防受水流冲刷，堤脚或堤坡冲成陡坎时，针对堤岸前水流冲淘情况，可采用护脚固基防冲的方法，尽快护脚固基，抑制急溜继续淘刷。根据流速大小可采用土（沙）袋、块石、挑石枕、铅丝笼、长土枕及土工编织软体排等防冲物体，加以防护，因该法具有施工简单灵活、易备料、能适应河床变形的特点，因此使用最为广泛，如图13-13、图13-14所示。

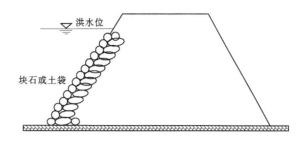

图 13-13　抛块石、土袋防冲示意图

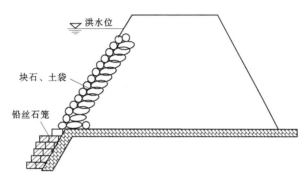

图 13-14　抛铅丝石笼防冲示意图

(2)沉柳缓溜防冲:适用于堤防临水坡被淘刷范围较大的险情,对减缓近岸流速、抗御水流比较有效。对含沙量大的河流,效果更为显著。

(3)柳石软搂:在险情紧迫时,为抢时间常采用柳石软搂的方法(如图 13-15 所示),尤其是在堤根行溜甚急,单纯抛乱石、土袋又难以稳定,抛铅丝石笼条件不具备时,采用此法较适宜。如溜势过大,在软搂完成后于根部抛石枕围护。

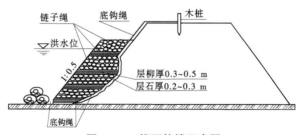

图 13-15　柳石软搂示意图

第七节　裂缝险情抢护

一、险情说明

堤坝裂缝是最常见的险情,有时也可能是其他险情的预兆。裂缝按其出现的部位可分内表面裂缝和内部裂缝;按其走向可分为横向裂缝、纵向裂缝和龟纹裂缝;按其成因可分为不均匀沉陷裂缝、滑坡裂缝、干缩裂缝、冰冻裂缝和震动裂缝。其中,以横向裂缝和滑坡裂缝危害最大,应及早抢护,以免造成更严重的险情。

二、原因分析

(1)堤的地基地质情况不同,物理力学性质差异较大,地基地形变化,土壤承载能力不同,均可引起不均匀沉陷裂缝。

(2)堤身与刚性建筑物接触不良,由于渗水等原因造成不均匀沉陷,引起裂缝。

(3)在堤坝施工时,采取分段施工,工段之间进度差异大,接头处没处理好,容易造成不均匀沉陷裂缝。

(4)背水坡在高水位渗流作用下,堤体湿陷不均、抗剪强度降低、临水坡水位骤降均有可能引起滑坡性裂缝,特别是背水坡脚基础存在软弱夹层时,更易发生。

(5)施工时堤体土料含水量大,控制不严,容易引起干缩或冰冻裂缝。

(6)施工时有冻土、淤泥土或硬土块造成碾压不实,或者新旧结合部未处理好,在渗流作用下容易引起各种裂缝。

(7)堤体本身存在隐患,如洞穴等,在渗流作用下也能引起局部裂缝。

(8)地震等自然灾害引起的裂缝。

总之,引起堤坝裂缝的原因很多,有时也不是单一的原因,要加以分析断定,针对不同的原因,采取相应有效的抢护措施。

三、抢护原则

裂缝险情抢护应遵循"判明原因,先急后缓,截断封堵"的原则。根据险情判别,如果是滑动或坍塌崩岸性裂缝,应先抢护滑坡、崩岸险情,待险情稳定后,再处理裂缝。对于最危险的横向裂缝,如已贯穿堤身,水流易于穿过,使裂缝冲刷扩大,甚至形成决口,因此必须迅速抢护;如裂缝部分横穿堤身,也会因渗径缩短、浸润线抬高,导致渗水加重,引起堤身破坏。因此,对于横向裂缝,不论是否贯穿堤身,均应迅速处理。纵向裂缝,如较宽较深,也应及时处理;如裂缝较窄较浅或呈龟纹状,一般可暂不处理,但应注意观测其变化,堵塞裂缝,以免雨水进入,待洪水过后处理。对较宽较深的裂缝,可采用灌浆或汛后用水洇实等方法处理。作为汛期裂缝抢险必须密切注意天气和雨水情变化,备足抢险料物,抓住无雨天气,突击完成。

四、抢护方法

裂缝险情的抢护方法,可概括为开挖回填、横墙隔断、土工膜盖堵等。

(1)开挖回填:采用开挖回填方法抢护裂缝险情比较彻底,适用于没有滑坡可能性,并经检查观测已经稳定的纵向裂缝。在开挖前,用经过滤的石灰水灌入裂缝内,便于了解裂缝的走向和深度,以指导开挖。在开挖时,一般采用梯形断面,深度挖至裂缝以下 0.3~0.5 m,底宽至少 0.5 m,边坡要满足稳定及新旧填土结合的要求,并便于施工。开挖沟槽长度应超过裂缝端部 2 m。回填要分层夯实,每层厚度约 20 cm,顶部应高出堤顶面 3~5

cm,并做成拱形,以防雨水灌入。

(2)横墙隔断:适用于横向裂缝抢险。除沿裂缝方向开挖沟槽外,还每隔3~5 m开挖一条横向沟槽,沟槽内用黏土分层回填夯实。如裂缝已与河水相通,在开挖沟槽前,还应采取修筑前戗等截流措施。

(3)土工膜盖堵:对洪水期堤防发生的横向裂缝,如深度大,又贯穿大堤断面,可采用此法。将复合土工膜(一布一膜)在临水坡裂缝处全面铺设,并在其上压盖土袋,使裂缝与水隔离,起到截渗作用。同时,在背水堤坡铺设反滤土工织物,上压土袋,然后采用横墙隔断法处理。

第八节　风浪险情抢护

一、险情说明

汛期来水后河道水面变得较为开阔,防止风浪对堤防的袭击,有时甚至成了抗洪胜利的关键问题。风浪对堤防的威胁,不仅因波浪连续冲击,使浸水时间较久的临水堤坡形成陡坎和浪窝,甚至发生坍塌和滑坡险情,也会因波浪壅高水位引起堤顶漫水,造成漫决险情。

二、原因分析

(1)堤身抗冲能力差。主要是堤身存在质量问题,如堤身土质沙性大,不符合要求;堤身碾压不密实,达不到要求等。

(2)风大浪高。堤前水深大,水面宽,风速大,形成浪高,冲击力强。

(3)风浪爬高大。由于风浪爬高,增加水面以上临水坡的饱和范围,减弱土壤的抗剪强度,造成坍塌破坏。

(4)堤顶高程不足。如果堤顶高程低于浪峰,波浪就会越顶冲刷,可能造成漫决险情。

三、抢护原则

(1)削减风浪的冲击力,利用漂浮物防浪,可削减波浪的高度和冲击力,是一种行之有效的方法。

(2)增强临水坡的抗冲能力,主要是利用防汛料物,经过加工铺压,保护临水坡,增强抗冲能力。

四、抢护方法

(一)挂柳防浪

受水流冲击或风浪拍击,堤坡或堤脚开始被淘刷时,可用此法缓和溜势,减缓溜势,促淤防坍塌。具体做法如下:

（1）选柳。选择枝叶繁茂的大柳树,于树干的中部截断。如柳树头较小,可将数棵捆在一起使用。

（2）签桩。在堤顶上预先打好木桩。

（3）挂柳。用8号铅丝或绳缆将柳树头的根部系在堤顶打好的木桩上,然后将树梢向下,并用铅丝或麻绳将石或沙袋捆扎在树梢叉上,其数量以使树梢沉贴水下边坡不漂浮为止,推入水,顺坡挂于水中。如堤坡已发生坍塌,应从坍塌部位的下游开始,顺序压茬,逐棵挂向上游,棵间距离和悬挂深度应根据坍塌情况确定。如果水深,横向流急,已挂柳还不能全面起到掩护作用,可在已抛柳树头之间再错茬签挂,使能达到防止风浪和横向水流冲刷为止。

（二）土袋防浪

适用于风浪破坏已经发生的堤段。具体做法是:用编织袋、麻袋装土(或砂、碎石、砖等),叠放在迎水堤坡。土袋应排挤紧密,上下错缝。

（三）土工织物防浪

此法防浪效果好,宜优先选用。做法是:将编织布铺放在堤坡上,顶部用木桩固定并高出洪水位 1.5~2 m。另外,把铅丝或绳的一端固定在木桩上,另一端拴石或土袋坠压于水下,以防编织布漂浮。

（四）挂枕防浪

挂枕防浪一般分单枕防浪和连环枕防浪两种。具体做法如下:

（1）单枕防浪。用柳枝、秸料或芦苇扎成直径 0.5~0.8 m 的枕,长短根据坝长而定。枕的中心卷入两根 5~7 m 的竹缆或 3~4 m 麻绳作龙筋,枕的纵向每隔 0.6~1.0 m 用 10~14 号铅丝捆扎。在堤顶距临水坡边 2.0~3.0 m 处或在背水坡上打 1.5~2.0 m 长的木桩,桩距 3.0~5.0 m,再用麻绳把枕拴牢于桩上,绳缆长度以能适应枕随水面涨落而移动,绳缆亦随之收紧或松开为度,使枕能够防御各种水位的风浪。

（2）连环枕防浪。当风力较大、风浪较高、一枕不足以防浪冲击时,可以挂用两个或多个枕,用绳缆或木、杆、竹竿将多个枕联系在一起,形成连环枕,也叫枕排,临水最前面枕的直径要大一些,容重要轻些,使其浮得最高,抨击风浪。枕的直径要依次减小,容重增加,以消余浪。

（五）木排防浪

将直径 5~15 cm 的圆木捆扎成排,将木排重叠 3~4 层,总厚 30~50 cm,宽 1.5~2.5 m,长 3.0~5.0 m,连续锚离堤坡水边线外一定距离,可有效防止风浪袭击堤防。根据经验,同样波长,木排越长消浪效果越好。

（六）柳箔防浪

在风浪较大、堤坡土质较差的堤段,把柳、稻草或其他秸料捆扎并编织成排,固定在堤坡上,以防止风浪冲刷。具体做法是:用18号铅丝捆扎成直径约 0.1 m、长约 2.0 m 的柳把,再用麻绳或铅丝连成柳箔。在堤顶距临水堤肩 2.0~3.0 m 处,打 1.0 m 长木桩一排,间距约 3.0 m。将柳箔上端用 8 号铅丝或绳缆系在木桩上,柳箔下面侧适当坠以块石或沙袋。根据堤的迎水坡受冲范围,将柳箔置放于堤坡上,柳把方向与堤轴线垂直。

第九节　漫溢险情抢护

一、险情说明

浸溢是洪水漫过堤、坝顶的现象。堤防工程多为土体填筑,抗冲刷能力差,一旦溢流,冲塌速度很快,如果抢护不及时,会造成决口。当遭遇超标准洪水、台风等原因,根据洪水预报,洪水位(含风浪高)有可能超越堤顶时,为防止漫溢溃决,应迅速进行加高抢护。

二、原因分析

(1)由于发生降雨集中、强度大、历时长的大暴雨,河道宣泄不及,实际发生的洪水超过了堤防的设计标准,洪水位高于堤顶。

(2)设计时,对波浪的计算与实际不符,发生大风大浪时最高水位超过堤顶。

(3)堤顶未达设计高程,或因地基有软弱层,填土碾压不实,产生过大的沉陷量,使堤顶高程低于设计值。

(4)河道内存在阻水障碍物,如未按规定在河道内修建闸坝、桥涵、渡槽以及盲目围垦、种植片林和高秆作物等,形成阻水障碍,降低了河道的泄洪能力,使水位壅高而超过堤顶。

(5)河道发生严重淤积,过水断面缩小,抬高了水位。

(6)主流坐弯,风浪过大,以及风暴潮、地震等壅高水位。

三、抢护原则

险情的抢护原则是"预防为主,水涨堤高"。当洪水位有可能超过堤(坝)顶时,为了防止洪水漫溢,应迅速果断地抓紧在堤坝顶部,充分利用人力、机械,因地制宜,就地取材,抢筑子堤(埝),力争在洪水到来之前完成。

四、抢护方法

防漫溢抢护,常采用的方法是:运用上游水库进行调蓄,削减洪峰,加高加固堤防工程,加强防守,增大河道宣泄能力,或利用分洪、滞洪和行洪措施,减轻堤防工程压力;对河道内的阻水建筑物或急弯壅水处,应采取果断措施进行拆除清障,以保证河道畅通,扩大排洪能力。

(1)纯土子堤(埝):应修在堤顶靠临水堤肩一边,其临水坡脚一般距堤肩 0.5~1.0 m,顶宽 1.0 m,边坡不陡于 1:1,子堤顶应超出推算最高水位 0.5~1.0 m,如图 13-16 所示。适用于堤顶宽阔、取土容易、风浪不大、洪峰历时不长的堤段。

(2)土袋子堤(如图 13-17 所示):适用于堤顶较窄、风浪较大、取土困难、土袋供应充足的堤段。一般用草袋、麻袋或土工编织袋,装土七八成满后,将袋口缝严,不要用绳扎口,以利铺砌。一般用黏性土,颗粒较粗或掺有砾石的土料也可以使用。土袋子堤距临水堤肩 0.5~1.0 m,袋口朝向背水,排砌紧密,袋缝上下层错开,上层和下层要交错掩压,使

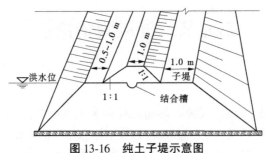

图 13-16　纯土子堤示意图

土袋临水形成 1:0.5、最陡 1:0.3 的边坡。不足 1.0 m 高的子堤,临水叠砌一排土袋,或一丁一顺。

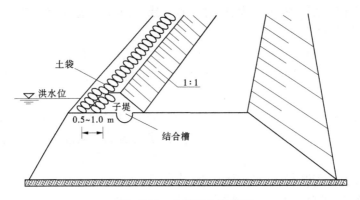

图 13-17　土袋子堤示意图

第十节　涵闸险情抢护

穿堤涵闸易出现滑动、渗水、管涌、漏洞、裂缝、启闭机故障等险情。对不安全的涵闸,当预报有大洪水时,宜提前在闸前或闸后修堤围堵。

一、闸前围堵

对于临河侧滩地高的穿堤涵闸可采用此法。围堤位于铺盖前,高度根据洪水位确定。顶宽不小于 5 m,边坡为 1:2.5~1:3,用壤土填筑,临水坡可用复合土工膜上压土袋防护,溜急时应抛枕护脚,并加强观测与防守。

二、闸后养水盆

汛前预修翼堤,洪水前抢修横围堤。横围堤位于海漫外,高度根据洪水位等情况确定,顶宽 4 m,边坡 1:2。抢修时先关闭闸门,再清理横围堤与已修翼堤的接合部,然后分层填土压实。洪水到来前可适当蓄水平压,洪水时应加强观测。

第十四章　河道工程抢险技术

河道工程主要包括险工和控导工程,由丁坝、垛及护岸组成。常见的险情有坍塌、墩蛰、滑动、坝裆坍塌、溃膛以及漫溢等。常用的抢护方法有抛投块石、铅丝笼、土袋、柳石枕及柳石搂厢等。

第一节　根石坍塌险情

根石是坝垛稳定的基础,其深浅不一,根石薄弱是坝垛出险的主要原因。坝垛前沿的局部冲刷坑的深度一般为9~21 m,当出现"横河""斜河"时,冲刷坑的深度还会加大。

河道下游砂粒的组成较细,抗御水流的能力很差。坝垛靠溜后,易被水流淘刷,在坝垛前形成冲刷坑。为了保护坝体的安全,防止冲刷坑扩大,需及时向坑内抛投块石、铅丝笼、柳石枕等。由于护根的绝大部分材料为块石,习惯上将护根称为根石。对于险工,为了增加坝垛的稳定性,一般都设有根石台(控导工程一般不设根石台)。根石台顶宽度为2.0 m。

一、险情说明

河道整治工程的丁坝、垛、护岸着溜重,受水流集中冲刷,基础或坡脚淘空,造成根石的不断走失,会引起坝岸发生裂缝、沉陷或局部坍塌,坝身失稳。

二、原因分析

(一)水流的因素

(1)冲刷坑的形成。在丁坝上下游主溜与回溜的交界面附近,因流速不连续或流速梯度急剧变化,产生一系列漩涡,回溜周边流速较大,在丁坝上下跨角部位冲刷。受大溜冲刷的概率大,着溜重,冲刷深。此部位根石易被湍急水流冲刷走,有的落于冲刷坑内,有的被急溜挟带顺水而下,脱离坝根失去作用。

(2)高含沙水流的影响。高含沙水流的流变特性发生了变化,二相流变成均质流。当水流速度增大时,河床质变得容易起动,造成高滩深槽,部分河段主槽缩窄,单宽流量加大,水流集中,冲刷力增强,坝前冲刷坑就比较深。

(3)弯道环流的影响。弯道环流作用使得凹岸冲刷较重,凸岸淤积,黄河下游大都是受人工建筑物控制的河湾,水流因受离心力作用,对工程冲刷力加强,促进根石走失。

(4)"横河""斜河"影响。"横河""斜河"使水流顶冲坝垛,造成根石走失,抢险的概率较大。

(二)工程断面的因素

(1)根石断面不合理。散抛石大部分堆积在根石上部,形成坡度上缓下陡、头重脚轻的现象,这种情况对坝体稳定极为不利,很容易出现根石走失。

(2)根石外坡凹凸不平。外坡不平增大了水流冲刷的面积和糙率,加大了河底淘刷,影响根石稳定。

(3)断面坡度陡。护坡坡度越陡,水流的冲刷作用越强,冲刷坑越深,造成根石走失越严重。

(三)块石尺寸的因素

使用的石料体积和质量不足,坝前的流速大于根石起动流速时,流速大、抗冲能力差,不能保持自身稳定,块石从根石坡面上,就会被一块一块地揭走,造成揭坡。石块被急溜冲动走失。

(四)工程布局的因素

工程布局不合理,坝裆过大造成上游坝掩护不了下游坝形成回溜,甚至出现主溜钻裆,窝水兜溜,加剧根石走失,冲刷坝尾出现大险。还有个别坝位突出,形成独坝抗大溜,造成水流翻花,淘根刷底,坝前流速增大,水流冲击力超过根石起动流速,被大溜冲走块石,造成根石走失,出现大险。

(五)施工方法的因素

(1)施工改建。在控导工程加高改建时,把原有的根石基础埋在坝基下,往外重新抛投根石。即使过去已经稳定的根石,也会重新坍塌出险。

(2)加抛根石不到位。在工程受大溜顶冲发生险情时,居高临下在坝顶上投抛散石,会造成大量块石被急流卷走,部分则堆积在根石上部,也不稳定。这样不但造成浪费,很难有效缓解险情,而且可能增加险情,造成进一步的坍塌。

(3)基础清理不彻底。旱地施工,在挖根石槽时,没有清理好槽底就抛固根石,泥土、石块混合,一旦着溜,根石易走失。

三、抢护原则

抢护根石走失险情应本着"抢早、抢小、快速加固"的原则抢护,及时抛填料物抢修加固。

四、抢护方法

发现根石走失险情,一般采用抛块石、抛铅丝笼、抛扭工体、抛柳石枕、抛大吨袋等方法进行加固。根石坍塌抢护时,要统筹安排,多方准备,一边迅速调运成效好的料物,一边就近调运抢险料物应急抢护,先遏制险情发展速度,待料物聚集后,再一鼓作气全面抢护。如果根石坍塌迅速,垛体裸露,附近没有柳树,捆抛柳石枕进度太慢。这种情况就要一边安排人员抓紧准备柳石枕,同时现场调度自卸车从上游一侧抛大块石,将溜势挑开,保护垛体不受冲刷;待柳石枕到后抛投落淤护垛;如果自卸车数量多,也可直接抛大块石将裸露的垛体护住,但缺点是石料工程量大。

(一)抛块石

水深溜急、险情发展较快时,应尽量加大抛石粒径。当块石粒径不能满足要求时,可抛投铅丝笼、大块石等,同时采用施工机械,加快、加大抛投量,遏制险情发展,争取抢险主动。

在实际抢险中,在坝垛迎水面或水深溜急处要用大块石,大块石的质量一般采用30~75 kg。抛石可采用船抛和岸抛两种方式进行。先从险情最严重的部位抛起,依次由下层向上层抛投,并向两边展开。抛投时要随时探测,掌握坡度。

(二) 抛铅丝笼

当溜势过急,抛块石不能制止根石走失时,采用铅丝笼装块石护根的办法较好。铅丝笼体积在1.0~2.5 m³,铅丝网片一般用8#或10#铅丝做框架,12#铅丝编网,网眼一般15~20 cm见方。网片应事先编好,成批存放备用,抢险时在现场装石成笼。抛铅丝笼一般在距水面较近的坝垛顶或中水平台上抛投,也可用船抛。

第二节　坦石坍塌险情

一、险情说明

坍塌是坝垛最常见的一种较危险的险情。坝垛的根石被水流冲走,坦石出现坍塌险情。坦石坍塌是护坡在一定长度范围内局部或全部失稳发生坍塌下落的现象。

二、原因分析

坝垛出现坍塌险情的原因是多方面的,它是坝前水流、河床组成、坝垛结构和平面形式等多种因素相互作用的结果。主要原因如下:

(1)坝垛根石深度不足,水流淘刷形成坝前冲刷坑,使坝体发生裂缝和蛰动。

(2)坝垛遭受激流冲刷,水流速度过大,超过坝垛护坡石块的起动流速,将根石等料物冲揭剥离。

(3)新修坝岸基础尚未稳定,而且河床多沙,在水流冲刷过程中使新修坝岸基础不断下蛰出险。

三、抢护原则

坝垛出现坦石坍塌险情,由于坍塌的根石、坦石增加了坝垛基础,一般不需再抛石护坦,只需将水上坍塌的根石、坦石用块石抛投填补,按原状恢复,如果上跨角或坝头出险,且溜势较大,可适当抛铅丝笼固根。

四、抢护方法

坦石坍塌险情的抢护要视险情的大小和发展快慢程度而定。一般坦石坍塌宜用抛石(大块石)、抛铅丝笼等方法进行抢护。当坝身土坝基外露时,可先采用柳石枕、土袋或土袋枕抢护坍塌部位,防止水流直接淘刷土坝基,然后用铅丝笼或柳石枕,加深加大基础,增强坝体稳定性。具体方法如下。

(一) 抛块石或铅丝笼

块石或铅丝笼抛投方法同根石走失抢险,但块石抛投量和抛投速度要大于坦石坍塌险情,有条件的尽量船抛和岸抛同时进行,以使险情尽快得到控制。

(二)抛土袋

当块石短缺或供给不足时,也可采用抛土袋等方法进行临时抢护。方法是:草袋、麻袋、土工编织袋内装入土料,每个土袋质量应大于 50 kg,土袋装土的饱满度为 70% ~ 80%,以充填沙土、沙壤土为好,装土后用铅丝或尼龙绳绑扎封口,土工编织袋应用手提式缝包机封口。土工编织袋最好使用透水的。用麻袋、草袋装土抢护时,抛投强度要大,避免袋内土粒被水稀释成泥流失。

抛土袋护根最好从船上抛投,或在岸上用滑板滑入水中,层层压叠。河水流速较大时,可将几个土袋用绳索捆扎后投入水中,也可将多个土袋装入预先编织好的大型网兜内,用吊车吊放入水,或用船、滑板投放入水。抛投土袋所形成的边坡掌握在 1:1.0~1:1.5。

(三)抛柳石枕

当坝基土胎、险情较严重时,水流会淘刷土坝基,仅抛块石抢护石块间隙透水,效果不好,而且抢护速度慢、耗资大,这时可采用抛柳石枕的方法抢护。枕长一般为 5~10 m,直径为 0.8~1.0 m,柳、石体积比为 2:1,也可按流速大小或出险部位调整比例。

柳石枕的具体做法如下:

(1)平整场地。在出险部位临近水面的坝顶选好抛枕位置,平整场地,在场地后部上游一侧打拉桩数根,再在抛枕的位置铺设垫桩一排,桩长 2.5 m,间距 0.5~0.7 m,两垫桩间放一条捆枕绳,捆枕绳一般为麻绳或铅丝,垫桩小头朝外。捆抛枕的位置应尽量设在距离水面较近处,以便推枕入水。

(2)铺放柳石。以直径 1.0 m 的枕为例,先顺枕轴线方向铺柳枝宽约 1 m,柳枝根梢要注意压茬搭接,铺放均匀,压实后厚度为 0.15~0.2 m。柳枝铺好后排放石料,石料排成中间宽、上下窄,直径约 0.6 m 的圆柱体,大块石小头朝里、大头朝外排紧,并用小块石填满空隙或缺口,两端各留 0.4~0.5 m 不排石,以盘扎枕头。在排石达 0.3 m 高时,可将中间栓有“十”字木棍或条形块石的龙筋绳放在石中排紧,以免筋绳滑动。待块石铺好后,再在顶部盖柳,方法同前。如石料短缺,也可用黏土块、编织袋装土代替。

(3)捆枕。将枕下的捆枕绳依次捆紧,多余绳头顺枕轴线互相连接,必要时还可在枕的两旁各用绳索一条,将捆枕绳相互连系。捆枕时要用绞棍或其他方法捆紧,以确保柳石枕在滚落过程中不折断、不漏石。

(4)推枕。推枕前先将龙筋绳活扣拴于坝顶的拉桩上,并派专人掌握绳的松紧度。推枕时要将人员分配均匀站在枕后,切记人不要骑在垫桩上,推枕号令一下,同时行动合力推枕,使枕平稳滚落入水中。

第三节　坝基坍塌(墩蛰)险情

一、险情说明

坝岸基础被主流严重淘刷,造成坝体墩蛰入水的险情即坝岸坍塌(墩蛰)险情,造成此险情发生的原因是河底多沙,工程基础浅,大溜顶冲或回溜严重时,很快淘深数米甚至十几米,导致基础淘空,出现墩蛰现象。

二、原因分析

(1)坝基的土质分布不均匀,基础有层淤层沙(格子底),当沙土层被淘空后,上部黏土层承受不住坝体重量,使坝体随之猛墩猛蛰。

(2)坝基坐落在腐朽体上,由于急流冲刷,埽体淘空,坝体墩蛰。

(3)搂厢埽体在急流冲刷下,河床急剧刷深,原已修筑到底的埽体依靠坝岸顶桩绳拉系而维持稳定,若水流继续淘深,绳缆拉断,坝体承托不住,即出现墩蛰。

三、抢护原则

坝岸坍塌(墩蛰)的抢护应以迅速加高、及时护根、保土抗冲为原则,先重点后一般进行抢护。因此,必须注意观察河势,探摸坝岸水下基础情况,要根据不同情况,采取不同措施加紧抢护,以确保坝岸安全。

四、抢护方法

坍塌(墩蛰)险情抢护应先采用柳石搂厢、柳石枕、土袋加高加固坍塌部位,防止水流直接淘刷土坝基,然后用铅丝笼或柳石枕固根,加深加大基础,提高坝体稳定性。

(一)土袋抢护法

土袋抢护法适用于发生在坝垛迎水面的中后部、土胎外露、土坝体坍塌较少的情况。抢护时先在土坝体坍塌部位抛压土袋防冲,防止土坝基进一步冲刷险情扩大。当土袋抛出水面1 m后,再在其前面抛块石固根,然后加修土坝体,恢复根石、坦石。

(二)抛枕抢护法

抛枕抢护法适用于坍塌(墩蛰)范围不大的情况,出险位置多发生在坝垛迎水面的中前部。抢护中必要时先削坡,后抛柳石枕补填并防护土坝体坍塌部位,再抛投块石恢复根石、坦石,最后抛铅丝笼固根。

(三)搂厢抢护法

搂厢抢护法适用于土坝体严重坍塌的险情。柳石搂厢是以柳(秸、苇)石为主体,以绳、桩分层连接成整体的一种轻型水工结构,主要用于坝垛墩蛰险情的抢护。它具有体积大、柔性好、抢险速度快等优点,但操作复杂,关键工序的操作人员要经过专门培训。具体施工方法如下:

(1)准备工作。当坝垛出现险情后,首先要查看溜势缓急,分析上下游河势变化趋势,勘测水深及河床土质,以确定铺底宽度和使用"家伙";其次是做好整修边坡、打植、布置捆厢船或捆浮枕、安底钩绳等修厢前准备工作。

(2)搂厢。首先要在安好的底钩绳上用链子绳编结成网,其次在绳网上铺厚约1 m的柳秸料一层,然后在柳料上压0.2~0.3 m厚的块石一层,块石距埽边0.3 m左右,石上再盖一层0.3~0.4 m厚的散柳保护,柳石总厚度不大于1.5 m。柳石铺好后,在埽面上打"家伙桩"和腰桩。将底钩绳每间隔一根搂回一根,经"家伙桩"、腰桩拴于顶桩上,这样底坯完成。以后按此法逐坯加厢,每加一坯均需打腰桩。腰桩的作用是使上下坯结合稳固,适当松底钩绳,保持埽面出水高度在 0.5 m 左右,一直到搂厢底坯沉入河底。将所有绳、缆搂回顶桩,最后在搂厢顶部压石或土封顶。

（3）抛柳石枕和铅丝笼。为维持厢体稳定,搂厢修做完毕后要在厢体前抛柳石枕或铅丝笼护脚固根。

（四）柳石混合接厢

柳石混合搂厢又叫"风搅雪"。若坍塌（墩蛰）迅速,险情非常严重,为加快抢险进度,可用柳石混搂法抢护。它的特点是施工速度快,坯间不打桩,柳石混合压厢,每坯均系于坝顶,不易发生前爬。具体做法如下:

（1）根据水深、土质、抢修尺度,岸坡整修成 1∶0.5 左右,岸上打顶桩,桩长 1.5～2.0 m,桩距 0.8～1.0 m,要前后错开打数排。

（2）捆厢船定位,在第一排顶柱上全底钩绳,另一端活扣拴于船龙骨上,底钩绳上横拴几道链子绳编底。

（3）备足一坯用柳料,移至埽体计划修筑的宽度,拴紧把头缆,全力推柳铺于底网上,然后柳石混合抛压,埽面出水 0.5 m 左右,一坯成,在埽前眉加束腰绳一对,用铅丝或麻绳作滑绳,紧系在束腰绳与底钩绳交点上,三绳打成一个结,束腰绳两端拉紧拴于坝顶腰桩上,滑绳活扣拴于顶柱上,注意束腰绳始终不能放松。

（4）加厢第二坯,继续石混抛,注意石料要散放,但不要集中岸边,要多向前头压,压柳石厚度为 1～1.2 m,再用束腰绳、滑绳、接底钩绳等进行缩束,只能使其起下压作用,不能使其前爬,如此坯坯成滚动形式逐渐下沉到底。在做厢时,底钩绳、滑绳要有专人掌握松紧,使埽体稳定下沉。

（5）埽抓底后,底钩绳全部搂回,拴于岸顶桩上;滑绳也要拴紧,并在埽面打"家伙桩"、腰桩,搂埽口,顶压块石厚约 1.0 m,上铺压土达到计划高度。

（五）草土枕（埽）

若抢险现场石料缺乏,可以用草土埽代替柳石枕或柳石搂厢。草土埽的做法是将麦秸（稻草）扎成草把,用绳（麻绳、铅丝）将其捆扎编织成草帘,在帘上铺黏土,预设穿心绳,然后卷成直径 1.0～1.5 m、长 5～10 m 的枕,推放在出险部位,推枕方法同推柳石枕。

（六）机械化作场

（1）制作半成品埽体。首先,编制一体积与抢险运输车辆容积大小相当的铅丝笼网箱,再将该网箱放置于运输车内,用挖掘机等装卸设备将软料和石料（或土袋、土、砖等配重物）的混合装入网箱,网箱装满后封死。在网箱内装料的同时将一"暗骑马"植入网中心,并从"暗骑马"上向网箱的前后左右和上方引出 5 根留绳绳索至网箱外,半成品埽即告完成。

（2）制作大网箱围墙。首先,在将要进占河面的上下游及占体轴线方向上固定 3 艘船,上、下游 2 艘船的轴线与占体轴线平行,另一艘船的轴线与占体轴线垂直。然后,在船上根据占体大小编织矩形网片,网片的一边用桩固定在进占起点的坝岸上,其他 3 条边分别固定在 3 艘船体上。最后,将半成品埽体用机械投放到河面上的网片内。四周固定的网片因中心受压下沉,形成一个四周封闭的大网围墙,形状像饺子,故名"饺子埽"。

（3）操作过程。在"饺子埽"和河面网箱围墙制作完成后,用自卸汽车将"饺子埽"沿占体边片抛成两排，人工把"饺子埽"预留绳索前后左右进行连接，"饺子埽"之间形成前后左右相互连接的软沉排体，并将剩余绳索接长后拉向 3 艘船龙骨并固定。然后，用推土机推后排"饺子埽"，挤压前排埽体移动至河面网箱围墙后，后排埽变成前排埽。再在前排埽的后侧用自卸汽车将"饺子埽"再卸成一排，又组成两排新的埽体沉排。往复推抛作业至埽体出到一定高度，并将部分预留绳固定到占面上，再将上下游围墙的网边固定在新占体上，完成水中进占的一占。如此反复，完成机械化作埽的水中进占作业。

(4)"饺子埽"最适合抢恶性坍塌及堵口等重大险情。有工艺简单、易学易用的优点。

第四节　坝垛滑动险情

一、险情说明

坝垛在自重和外力作用下失去稳定，护坡连同部分土胎从坝垛顶部沿弧形破裂面向河内滑动的险情，称为滑动险情。坝垛滑动分骤滑和缓滑两种。骤滑险情突发性强，易发生在水流集中冲刷处，抢护困难，对防洪安全威胁大，这种险情看似与坍塌险情中的猛墩猛蛰相似，但其出险机制不同，抢护方法也不同，应注意区分。缓滑险情发展较慢，发现后应及时采取措施抢护。

二、原因分析

坝岸滑动与坝垛结构断面、河床组成、基础的承载力、坝基土质、水流条件等因素有关。当滑动体的滑动力大于抗滑力时，就会发生滑动险情。

(1)坝垛基础深度不足，护坡、根石的坡度过陡。

(2)坝垛基础有软弱夹层，或存在腐朽埽料，抗剪强度过低。

(3)坝垛遇到高水位骤降。

(4)坝垛施工质量差，坝基承载力小，坝顶料物超载，遇到强烈地震力的作用。

(5)后溃的发展造成坝体前爬。

三、抢护原则

加固下部基础，增强阻滑力；减轻上部荷载，减少滑动力。对缓滑应以"减载、止滑"为原则，可采用抛石固根及减载的方法进行抢护；对骤滑应以搂厢或土工布软排体等方法保护土坝基，防止水流进一步冲刷坝岸。

四、抢护方法

(一)抛石固根

当坝垛发生裂缝，出现缓滑，可迅速采用抛块石、柳石枕或铅丝笼加固坝基，以增强阻滑力。抛石最好用船只抛投或吊车抛放，保证将块石、柳石枕或铅丝笼抛到滑动体下部，压住滑动面底部滑逸点，避免将块石抛在护坡中上部，同时可避免在岸上抛石对坝身造成的震动。抛石或铅丝笼应边抛边探测，抢护坝面要均匀，并掌握坡度 1:1.3~1:1.5。

(二)减载坝顶重物

上部减载移走坝顶重物,拆除坝垛上部的部分坝体,减轻载荷,减少滑动力。特别是坡度小于1:0.5的浆砌石坝垛、必须拆除上部砌体(水面以上1/2的部分),将拆除的石料用于加固基础,并将拆除坝体处的土坡削缓至1:1.0。

(三)柳石搂厢

当坝体滑动已经发生,即已发生骤滑,可用柳石搂厢法抢护,以防止险情扩大。当坝体裂缝过大,土胎遭受水冲刷,还需要按照抢护溃膛险情的方法抢护。

(四)土工布软体排抢护

当坝垛发生骤滑,水流严重冲刷坝体土胎时,除可采取柳石搂厢抢护外,还可以采用土工布软体排进行抢护,具体做法如下。

(1)排体制作:用聚丙烯或聚乙烯编织布若干幅,按常见险情出险部位的大小缝制成排布,也可预先缝制成10 m×12 m的排布,排布下端再横向缝0.4左右的袋子(横袋),两边及中间缝宽0.4~0.6 m的竖袋,竖袋间距可根据流速及排体大小来定,一般3~4 m。横、竖袋充填后起压载作用。在竖袋的两侧缝直径1 cm的尼龙绳,将尼龙绳从横、竖袋交接处穿过编织布,并绕过横袋,留足长度作底钩绳用;再在排布上下两端分别缝制一根直径1 cm和1 cm的尼龙绳。各绳缆均要留足长度,以便与坝垛顶桩连接。排体制作好后,集中存放,抢险时运往工地。

(2)下排:在坝垛出险部位的坝顶展开排体,将横袋内装满土或砂石料后封口,然后以横袋为轴卷起移至坝垛边,排体上游边立与未出险部位搭接。在排体上下游侧及底钩绳对应处的坝垛上打顶桩,将排体上端缆绳的两端分别拴在上下游顶桩上固定,同时将缝在竖袋两侧的底钩绳一端拴在桩上。然后将排推入水中,同时控制排体下端上下游侧缆绳,避免排体在水流冲刷下倾斜,使排体展开并均匀下沉。最后向竖袋内装土或砂石料,并依照横袋沉降情况适时放松缆绳和底钩绳,直到横袋将坝体土胎全部护住。

第五节　　坝垛溃膛险情

一、险情说明

坝垛溃膛也叫淘膛后溃(或串膛后溃),是坝胎土被水流冲刷,形成较大的沟槽,导致坦石陷落的险情。具体地说,就是在洪水位变动部位,水流透过坝垛的保护层,将其后面土料淘出,使坦石与土坝基之间形成横向深槽,导致过水行溜,进一步淘刷土体,坦石坍陷;或坝垛顶土石结合部封堵不严,雨水集中下流,淘刷坝基,形成竖向沟槽直达底层,险情不断扩大,使保护层及垫层失去依托而坍塌,为纵向水流冲刷坝基提供了条件,严重时可造成整个坝垛溃决。坝垛溃膛险情发生初期,根石、坦石未见蛰动,仅是坦石后的坝基土出现小范围的冲蚀。随着冲蚀深度、面积的逐渐扩大,最终使石失去依托而坍塌。坦石坍塌后并不能使溃膛停止,相反常因石间空隙增加,进一步加剧冲刷,使险情恶化。

二、出险原因分析

(1)乱石坝。因护坡石间隙大,与土坝基(或滩岸)结合不严,或土坝基土质多沙,抗冲能力差,除雨水易形成水沟浪窝外,当洪水位相对稳定时,受风浪影响,水位变动处坝基土逐渐被淘蚀,坦石塌陷后退,失去防护作用而导致险情发生。

(2)扣石坝或砌石坝。水下部分有裂缝或腹石存有空洞,水流串入土石结合部,淘刷形成向沟槽,成为过流通道,使腹石错位坍塌,在外表反映为坦石变形下陷。

三、抢护原则

抢护坝垛溃膛险情的原则是"翻修补强",即发现险情后拆除水上护坡,用抗冲材料补充被冲蚀土料,堵截串水来源,加修后膛,然后恢复石护坡。

四、抢护方法

抢护方法有抛石抢护、抛土袋抢护(土工编织袋抢护)、抛枕抢护法(木笼枕抢护)。具体操作如下。

(一)抛石抢护

抛石抢护适用于险情较轻的乱石坝,即坦石塌陷范围不大、深度较小且坝顶未发生变形的情况。用块石直接抛于塌陷部位,并略高于原坝坡,一是消杀水势,增加石料厚度;二是防止上部坦石坍陷,险情扩大。

(二)土工编织袋抢护

若险情较重,坦石滑塌入水,土坝体裸露,可用土工编织袋、麻袋、草袋等装土填塞深槽,阻断过流,以保护土坝基,防止险情扩大。先将溃膛处挖开,然后用无纺土工布铺在开挖的溃膛底部及边坡上作为反滤层,用土工编织袋、草袋或麻袋装土,每个土袋充填度70%~80%,用尼龙绳或细铅丝扎口,在开挖体内顺坡上垒,层层交错排列,宽1~2 m,坡度1:1.0,直至达到计划高度。在垒筑土袋时应将土袋与土坝体之间用空隙土填实,使坝与土袋紧密结合。袋外抛石或笼复原坝坡。

(三)木笼枕抢护

如果险情严重,坦石塌入水,土坝体裸露,土体冲失量大,险情发展速度快,可采用就地捆枕,又叫木笼枕抢护。其做法如下:

(1)首先抓紧时间将溃膛以上未坍塌部分挖开至过水深槽,开挖边坡1:0.5~1:1.0。

(2)然后沿临水坝坡以上打木桩多排,前排拴钩绳,排距0.5 m,桩距0.8~1 m。沿着拟捆枕的部位每间隔0.7 m垂直于柳石枕铺放麻绳一条。

(3)铺放底坯料。在铺放好的麻绳上放宽0.7 m、厚0.5 m(压实厚度)的柳料,作为底坯。

(4)设置"家伙桩"。在铺放好的底坯料上,两边各留0.5 m,间隔0.8 m,安设棋盘"家伙桩"一组,并用绳编底。在棋盘桩上顺枕的方向加栓群绳一对,并在棋盘桩的两端增打2 m长的桩各一根,构成蚰蜒抓子。

(5)填石。在棋盘桩内填石1.0 m高,然后用棋盘绳扣拴缚封顶,即在柳石枕顶部形成宽0.8 m、高1.0 m的枕心。这种结构的优点是不会出现断枕、倒石的现象。

(6)包边与封顶。在枕心上部及两侧裹护柳厚约0.5 m。

(7)捆枕。先将枕用麻绳捆扎结实,再将底钩绳搂回拴死于枕上,形成高宽各为2.0

m、中间有桩固定的大枕。

(8)在桩上压石,或向蛰陷的槽子内混合抛压柳石,以制止险情发展。

第六节　　坝岸倾倒险情

一、险情说明

重力式坝岸的砌体稳定主要靠自身质量来维持,当坝岸抵抗倾覆的力矩小于倾覆力矩时,坝岸砌体便失稳倾倒,坝岸发生倾覆前常有征兆,当坝岸发生前倾或下蛰时,坝的土石结合部或土的表面出现裂缝等。

二、原因分析

(1)坝岸根石被洪水冲走,地基淘空,抗倾力减小。

(2)坝岸顶部堆放石料或填土过高,超载过大,土压力增大。

(3)水位骤降。

(4)坝岸地基的承载能力超过允许值而发生破坏性变形,使坝身失稳。

三、抢护原则

当发生倾倒时,根据坝下基础破坏程度,应迅速采取巩固基础的方法,以防急溜继续淘刷,维护未倾倒部分,避免险情扩大。

四、抢护方法

(1)抛石或抛石笼抢护:坝岸发生裂缝或未完全倾倒者,应迅速从险严重处向两侧进行抛块石、石笼以加固坝基。

(2)搂厢抢护:出现坝岸已倾倒,土体外露,大溜又继续顶冲大堤的严重险情时采用搂厢抢护,恢复坝体。

第七节　　坝裆坍塌险情

坝裆坍塌险情是坝与坝之间的连坝坡被边溜或回溜淘刷坍塌后溃所形成的险情。

一、险情说明

受回溜或主溜的淘刷,坝裆滩岸坍塌后溃,使上、下丁坝土坝体非裹护部位坍塌,严重时连坝也发生坍塌。汛期高水位期间,受风浪冲刷,坡面产生下陷、崩塌。

二、原因分析

(1)连坝坡土质较差,未经历洪水浸泡,遇洪水浸泡或冲刷,使坝裆坍塌后溃。

(2)坝与坝之间连坝未裹护。

（3）坝裆距过大。

（4）坝的方位与来溜方向接近 90°，产生较强的回溜冲刷坝裆岸边，坍塌后溃严重，迫使坝的迎、背水面裹护延长，如抢护不及时，甚至塌至堤根，危及堤防安全。

三、抢护原则

坝裆坍塌险情抢护的原则是缓溜落淤、阻止坍塌、迅速恢复。

四、抢护方法

坝裆坍塌险情主要采用以下抢护方法：

（1）在坝裆坍塌处抛枕裹护外抛散石防冲，修成护岸。

（2）在下一道坝的迎水面中后部推笼抛石，抢修防回溜垛，挑回溜外移，制止险情再度发生，具体做法如下。

①抛枕抢护法：可在坍塌部位抛柳石枕至出水面 1~2 m、顶宽 2 m，以保护坝体不被进一步淘刷。

②防回溜垛法：如险情由下一道丁坝回溜引起，可在其迎水面后半段的适当位置，用抛石的方法修建回溜垛，挑溜外移，减轻回溜对丁坝坝根、连坝的淘刷。

第八节　坝垛漫溢险情

一、险情说明

漫溢是指洪水漫过坝垛顶部并出现溢流的现象。控导工程允许坝顶漫溢，一般是在漫顶前进行防护，可用压柳、压秸料、土工织物铺盖等防冲。当险工可能发生漫顶时，根据洪水位分析情况，则应采取临时加高或防护等。

二、原因分析

（1）大洪水时，河道宣泄不及，洪水超过坝垛设计标准，水位高于坝顶或施工中遇到漫顶洪水。

（2）设计时对波浪的计算与实际差异较大，实际浪高超过计算浪高，并在最高水位时越过坝垛顶部。

（3）施工中坝垛未达到设计高程，或因地基有软弱夹层，填土夯压不实产生过大的沉陷量，使坝垛高程低于设计值。

三、抢护原则

当确定对坝垛漫溢进行抢护时，采取的原则是加高止漫，护顶防冲。

四、抢护方法

(一)秸埽加高法

在得到将发生漫顶洪水的预报后,应及时采取加高主坝措施。

在距坝肩 1.0 m 处沿坝外围打一排桩,桩距 1.0 m,采用当地可收集的材料,如高粱秆、芦苇、柳枝等,沿坝周围排放至加高高度,秸料应根部向外排齐,柳枝应根梢交错排列紧密,并用小绳将秸料等捆扎在桩上,同时在上下游埽间空当填土直至埽面高度。如来不及进行全坝面加高,可采用加高子堰等方法。

(二)土袋(或柳石枕)子堤(堰)法

1. 应用范围

土袋(或柳石枕)子堤(堰)法用于坝顶不宽,附近取土困难,或是反浪冲击较大之处。

2. 施工方法

(1)用麻袋、草袋装土约七成,将袋口缝紧。

(2)将麻袋、草袋土铺砌在坝顶离临水坡肩线约 0.5 m。袋口向内,互相搭接,用脚踩紧。

(3)第一层上面再加二层,第二层袋要向内缩进一些。袋缝上下必须错开,不可成为直线。逐层铺砌,到规定高度为止。

(4)袋的后面用土浇戗,土戗高度与袋顶平,顶宽 0.3~0.6 m,后坡 1:1.0。填筑的方法与纯土子堰相同。为防止坝顶漫水冲刷,可采用麻袋、草袋或土工编织袋装土(用柳石枕),于坝顶沿石上分层交错叠垒,子堤顶宽 1.0~1.5 m,边坡 1:1.0,以防御水流冲刷。土袋后修后戗宽 1 m 左右,边坡 1:1.0~1:1.5,子堤加高至洪水位以上 0.5~1 m。此法适用于坝前靠溜或风浪较大处。

(三)堆石子堤(堰)法

用块石修筑的石坝或护岸,可在坝顶临水面用块石堆砌,顶部宽度一般为 1.0~1.5 m,迎水边坡为 1:1.0,堆石后用土料修筑土戗至相同高度。

(四)柴柳护顶法

对标准较低的控导工程或施工中的坝岸,遇到漫顶洪水需要防护时,可在坝顶前后各打一排桩,用绳缆将柴柳捆搂护在桩上,柴柳捆直径一般为 0.5 m 左右,柴柳捆要互相搭接紧密,用小麻绳或铅丝扎在桩上,防止坝顶被冲,如漫坝水深流急,可在两侧木桩之间先铺一层厚 0.3~0.5 m 的柴柳,再在柴柳上面压块石,以提高防冲能力。

(五)土工布护顶

将土工布铺放于坝顶,用特制大钉头的钢钉将土工布固定于坝顶,钢钉数量视具体情况而定,一般行间距 3 m。为使土工布与坝顶结合严密、不被风浪掀起,可在其上铺压土袋一层,也可用石坠拴压土工布。

(六)单层木板子堰

1. 应用范围

单层木板子堰用于坝较窄、风浪较大、水将平坝顶、情势危急之处。

2.施工方法

(1)在坝顶靠上游一边,签钉长约 2 m 的木桩一排,桩的中心间距约为 0.5 m,入土约 1 m。

(2)排桩内用木板(紧急时用门板亦可)紧贴,再用铅丝或绳索系住。

(3)木板后面浇做土戗,做法与前相同。

(七)双层木板子堰

1.应用范围

双层木板子堰用于坝顶太窄,且有建筑物阻碍之处。

2.施工方法

(1)在坝顶外侧,签钉间距 0.5 m 的木桩两排,前后排相隔 1.0 m,木桩长 1.5 m 左右,入土深 0.7~1 m。

(2)木桩内侧附系木板一层。

(3)木板之间分层填土,夯实到顶。

(4)前后排木桩,应用铅丝拉紧。

第十五章　防汛工作常用文书

上行文指下级机关向所属上级机关和上级业务主管部门报送的公文,一般有意见、请示、报告等。平行文指平行机关或不相隶属的机关之间相互发送的公文,一般有函、议案等。下行文指上级机关对所属下级机关制发的公文,一般有命令、决议、决定、公报、通报、批复、公告、通告、通知等。此外,意见、纪要的行文方向没有限定,既可以作上行文,也可以作下行文,还可以作平行文。

第一节　意　见

意见是对重大问题提出见解,对重要事项提出解决办法,或上级机关对重要问题、工作提出意见和建议时使用的公文文种。

一、行文要求

意见作为文种,其行文方向较为灵活,既可以用于下行文,也可以用于上行文或平行文。

意见作为下行文,一般是上级机关对重大问题、重要工作做出的部署安排。

意见作为上行文,一般是下级机关对重大问题提出的见解、解决问题的办法,作为建议请求上级机关批转转发。在文字写作上应把重点放在解决问题的办法和具体措施上。另外,应当特别注意凡是本部门职权能解决、能办到的事项,一般不应在意见中出现。只有自身无法解决,本部门或者单位的工作涉及其他部门或单位,超出自己职权范围的事项,才在意见中表达清楚,本部门本单位自己的见解主张及解决问题的办法,争取上级机关认可并以上级机关名义批准、同意、批转、转发,达到促进工作的目的。作为上行文,在文尾应加一句"以上意见如无不妥,建议批转各地各部门执行"的字样,以便作办件运转。

意见作为平行文,一般适用于涉及多个系统或单位部门之间需要协调解决的事项,相互之间表达自己对某一问题的意见、见解。这类意见一是提出见解,带有商榷的意思;二是提出解决的办法,带有建议的性质。使用意见作文种就比函更加灵活。

实施意见作为意见一种特殊形式的下行文,在防汛工作中经常使用,一般是为了贯彻上级机关颁布、下发、施行的重要法律、政策文件。

拟写实施意见要求主题明确,要围绕上级机关制订的某一重大问题、重大政策,结合本地本单位情况提出具体的贯彻意见和解决办法。行文中应将上级来文精神穿插其中。重点做好上级文件精神与本地本单位实际的紧密结合,落到实处,切忌照抄照搬。

意见常见的行文格式:上下行文有抬头,受文单位行文为建议报上一级机关,抬头可直书上级机关名称;下行文下发指导性意见,与通知一样,受文单位为直属下级机关、单位。凡有抬头的"意见",行文中落款与其他上下行文相同,一般应放在文尾。意见没有抬头,与公报、公告同。一般应将制发机关、制发时间放在标题之下,也有的把落款时间放在文尾。

二、结构内容

意见基本结构一般由标题、正文、落款组成。标题由发文机关名称、事由和文种三要素构成,根据具体情况,可在文种前加上"若干""处理""实施"等字样。

正文由意见的缘由、意见的内容和结尾三部分构成。

拟写意见的缘由应注重写明提出意见的目的、背景、依据或缘由,在意见的内容上应着重写明对解决问题的具体意见,既要全面系统,又要准确具体,所提出的措施和办法,结尾部分可以进一步强调工作或提出希望和要求。

第二节　请　示

请示是向上级机关请求指示、批准时使用的一种上行文文种。

一、行文要求

请示的行文方向单一,只有下级机关向上级机关行文时才能使用该文种,平行或不相隶属机关之间行文不能使用请示文种;请示必须遵循"一文一事"的原则,一份请示只能有一个请示事项,不得就若干事项请求指示和批准。

根据请示的目的、性质和功能,可将请示大致分为请求指示、请求批准、请求解决以及请求批转四种类型。

二、结构内容

请示一般由标题、主送机关、正文、落款四部分组成。请示的标题通常由发文机关、事由、文种三要素组成,拟写请示标题,必须明确"事由",清晰表达请示事项。

一般情况下,请示只能有一个主送机关。请示的正文部分要写清楚所请示的事项和问题、阐述请示事项的缘由、原因或者请示问题的依据。要讲清楚行文的主要目的,需要上级做什么,有无依据等,这些问题必须明确无误地向上级机关提出,以便上级机关给予答复。

请示的结束语一般有较为固定的模式,以示对上级机关的尊重。通常写法是:"当否,请审批"。

请示应当注意以下几点:一是一般不能越级发文,特殊情况下必须越级行文时,则应同时抄送被越级的机关。二是除领导直接交办的事项外,请示一般不得送领导个人。三是如果几个单位联合请示,则主办单位应主动与其他部门协商,统一意见,搞好会签,联合行文。四是请示在未获批准前,不得对下属单位发送。

第三节 报 告

报告是下级机关向上级机关汇报工作、反映情况、回复上级机关询问、提出建议等使用的公文文种。报告不需要上级机关给予批复，上级机关收文后，一般作为阅件或参考件。行文的主要目的是让上级了解掌握基本情况。

一、行文要求

按照行文时所在工作过程的时间节点，可将报告分为事前报告、事中报告、事后报告三类。事前报告通常是向上级汇报拟开展工作的主要打算，意在取得领导支持。事中报告主要用于向领导或上级反映某项工作的准备、部署和进展情况。事后报告用于工作结束之后向上级写出总结报告。按表现形式分，可将报告分为专题报告、综合报告、答询报告、检讨报告等四类。

报告侧重于汇报工作，反映情况，答复上级询问，无需上级回复，因此在起草报告时不可以夹带请示事项。

二、结构内容

报告一般由标题、主送机关、正文、落款四部分构成。

报告的标题由发文机关、主要内容、文种组成。

报告一般只送一个上级机关，一般情况下不允许越级行文。

报告主体部分作为核心内容要准确简要、条理明晰、表述清楚，撰写时要紧紧围绕行文目的和主旨进行陈述。如果是汇报工作，应将工作开展的基本情况，主要做法和成绩，采取的办法措施表述清楚。如果是反映问题，则应简要概述所反映的问题，具体分析产生问题的原因，并提出解决问题的意见和办法。如果是答复上级机关的询问，则应首先简要叙述上级机关交办的事项或任务；其次写明处理的大致过程，包括采取的办法或措施和办理结果。

报告的结尾一般情况下可以用"特此报告"或"现将××予以呈报，请审阅"收结全文。

第四节 函

函是在不相隶属机关之间商洽工作、询问和答复问题、请求批准和答复审批事项时使用的文种。

一、行文要求

只要两个机关在行政或组织上没有领导与被领导关系、业务上没有指导与被指导关系的，都属于不相隶属的机关，无须考虑双方的级别大小。这种不相隶属的关系可能是一个系统内部的平级机关，也可能是风马牛不相及的两个机关之间，不相隶属机关之间，有事项需要协商或请求批准，统一使用"函"这种平行文种。

函的内容必须单纯,一份函件只能写一件事项。作为正式公文,公函代表使用单位的意志与权威,传达机关的决策和意图,具有法定效用。即使是向主管部门请求批准的函,也必须认真遵守、办理或配合。

按发文目的分,可分为发函和复函;主动制发的函为发函,回复对方来函为复函。按内容和用途分,公函可分为商洽函、询问函、请批函和告知函等类别。

二、结构内容

函由标题、发文字号、主送机关、正文、落款组成。

函的标题由发文机关名称、主要内容(事由)、文种组成。

函件的正文部分应首先说明发函的根据、目的、原因、缘由。复函则先引用对方来函的标题、发文字号,然后交代根据,说明缘由。结尾部分一般另起一行以"特此函商""特此函询""请即复函""特此函告""特此函复"等习惯性结语结束全文。

拟写公函时要做到叙事清楚,说理有节,语气恳切谦和,行文简洁明确,用语把握分寸,体现平等、商议的原则,切不可使用"你们要"等指令性语言强加对方。

第五节　通　知

通知属于指令性公文文种,主要用于布置工作、传达指示晓谕事项、发布规章、转发文件等。通知的目的性、指导性和规定性很强,需要受文单位贯彻执行和认真办理。

一、行文要求

按照通知的用途可以将通知大致分为如下几种:

(1)指示性通知。用于发布指示、布置工作。

(2)发布性通知。用于发布规章制度。

(3)事项性通知。要求下级机关办理某些事项,除交代任务外,通常还提出工作原则和要求,让受文单位贯彻执行,具有强制性和约束力。

(4)转发性通知。一是用于批转下级机关公文,称"批转性通知";二是用于转发上级关、同级机关和不相隶属机关的公文,称"转发性通知";三是作为向下级机关行文时使用。

(5)晓谕性通知。一般只有告知性,没有指导性。其用途较广泛,如机构和人事调整、启用和作废公章、机构名称变更、机关隶属关系变更、迁移办公地址、安排假期等,都可使用这种通知。

二、结构内容

通知一般由标题、主送机关、正文、落款组成。通知的标题由发文机关、事由、文种三部分组成。一个通知的主送机关根据通知内容和行文的目的确定,有多个主送机关时要注意排列的规范性。

通知的正文一般可分为开头、事项、结尾三部分。开头部分用来表述有关背景、根据、目的和意义等。事项部分应阐明需要受文单位完成的任务或应当办理的事项,以及在执行过程中应把握的原则、重点、政策界限、注意事项等。结尾处提出贯彻执行的有关要求,行文时应力求简短有力。篇幅短小的通知,一般不需要专门的结尾部分。

第六节　批　复

批复是上级机关答复下级机关请示事项的公文文种。先有请示,后有答复,批复是以下级的请示为前提,针对请示的事项和问题而写的,回答的问题是请示中的具体事项,属被动行文。批复和请示一一对应,请示遵循一事一议的原则,而批复同样是一事一批复。

一、行文要求

(1)批复从内容上可以分为三类:①阐释性批复。针对下级机关对有关方针、政策、规定等提出的不甚明白的问题予以阐释或指示。②批准性批复。对下级机关因其无权自行决定的某个问题或某种事项而行文的请示给予同意与否的答复。③指示性批复。不但同意下级机关的请示,而且就请示事项的落实、执行或就事项重要性、意义讲几点指示性意见,对下级有指示作用。

(2)批复是要求下级遵照办理的批示性文件。

二、结构内容

(1)批复一般由标题、主送机关、正文、落款四部分构成。

(2)批复的标题与一般公文的标题有所区别,一般有三种写作方式:①由批复机关、原请示题目或请示事项(问题)和文种组成。②由批复机关、请示事项、请示单位名称和文种组成。③转发性批复,一般由发文机关、转发机关名称、转发事项及文种组成。批复的主送机关只有一个,即提出请示的下级机关。

(3)批复的正文一般由引语、主体和结尾三部分组成。

①引语。批复开始的第一段或第一句话是为引语,引语要写清楚下级机关请示的问题或文号,表示已经知道下级请示的问题,从而引出答复性的文字。一般情况下,引语只要说明下级有关请示已经"收到""收悉"即可。但也可以在引述来文的事项之后,表明批复者的态度。如"经研究、同意"或"经研究,批复如下",成为由引语到主体的过渡语。

②主体。根据党和国家的方针政策、法律法令、规章制度和实际情况,对请示中提出的问题,给予明确答复。同意就是同意,不同意就是不同意,缓办就是缓办,绝不能模棱两可,含糊其辞。拟写同意请示事项的批复时,可以只给予答复意见,不必说明理由,也可以表明肯定意见的同时,提出具体的指示和要求。拟写完全不同意请示事项的批复时,需要说明不同意的理由依据,避免生硬否决,以使下级机关易于接受,并从中受到教育。针对部分同意和部分不同意的批复,要阐述清楚,同意哪些意见,不同意哪些意见,并说明依据和理由,必要时可对不同意部分提出修正意见或补充意见。

③结尾。批复结尾部分一般以"特此批复""此复""特此函复"等习惯用语的固定模式结束全文。

第七节 通 报

通报是适用于表彰先进、批评错误、传达重要精神和告知重要情况的公文文种。通报具有典型性、周知性、教育性等特点。

一、行文要求

根据不同的用途,可将通报可分为四类。

(1)表彰性通报。用于通报先进、介绍与推广典型经验,以弘扬正气,树立榜样,使广大干部群众得到启发和激励,受到教育。

(2)批评性通报。用于通报反面典型,批评错误,揭露矛盾,揭示不良倾向,同时有针对性地提出纠正错误的办法、要求,达到警示和教育的作用。

(3)情况通报。用于传达重要情况、互通信息和沟通情况,增加工作的透明度,以便人们能相互了解,相互协助,促进工作的顺利进行。

(4)事故通报。用于通报重大事故,对事故的来龙去脉和前因后果作综合评析,并着重找出原因、讲清危害,使更多的人引以为戒,防止此类事故的再次发生。

二、结构内容

通报由标题、正文、落款组成。标题一般由发文机关、事由和文种组成。通报正文应包含通报缘由、通报事项处理意见、原因分析、希望或要求等内容。通报缘由是通报正文的“引言”,应以简明扼要的语言概括出通报的核心内容,使受文单位准确地了解和把握发文机关的行文意图以及通报内容的精神实质。

第八节 纪 要

纪要是适用于记载会议主要情况和议定事项的公文文种。

一、行文要求

常见的会议纪要按其内容大体分为如下三类:

(1)指导性会议纪要,这类纪要不仅是记录会议主要精神和决定事项的载体,其本身就可以作为政策依据来执行,纪要一经下发,与会单位和相关部门必须依据纪要展开工作,贯彻落实会议的议定事项。

(2)通报性纪要,对会议讨论决定的一些问题和事项以纪要的形式发到一定的范围,使之了解会议精神和决定的事项。

(3)消息性纪要,主要是为了将会议讨论的情况和问题传达给大家,目的是让有关人员了解会议的相关情况,写作此类纪要时要如实反映会议讨论的情况,即使是不同意见,也可以整理进去,但必须交待清楚语境,避免断章取义。

按照纪要会议的性质范围分为如下三类:

（1）例会和办公会议纪要。

（2）专业性或专题性大型会议纪要。

（3）工作会议纪要。

二、结构内容

纪要由标题和正文两部分组成。

拟制纪要标题常用的方法有两种。一是由会议名称及文种组成。二是由会议主持单位、会议名称、文种组成。

纪要正文部分开头应简明扼要地概括会议的情况，包括召开会议的背景、原因、目的、过程、时间、地点、人员、规模、议题、中心、主要成果等。然后逐一列出会议的主要内容、会议决定的主要事项，会议取得的成果，提出今后的任务、完成任务的措施和办法、贯彻会议的要求等主题内容。

第九节　总　结

总结是对过去一定时期的工作进行回顾分析找出成绩与问题经验与教训，并作出指导性结论的一种事务文书，在防汛工作中应用十分广泛。

一、行文要求

在防汛工作中，一般情况下我们要对一个阶段的中心重点工作开展情况或全年性工作开展情况进行一次全面系统的回顾，既记录这一段时期我们所做的工作，更是为了从中总结规律，查找问题，以利于今后工作的开展，因此对所开展的工作及时进行总结是非常必要的。

总结多以本单位本部门为总结对象和总结范围，在写作时均使用第一人称。在内容上，总结必须以过去真实发生过的客观事实为依据，在进行真实客观地分析情况的基础上，进行总结，分析研究其规律性，从实践提炼升华为理论，完成从感性认识到理性认识的飞跃。

按时间节点来划分，可将总结分为阶段性总结、系统性总结。按照总结性质来分，可将总结分为专题总结、综合性总结。

二、结构内容

总结一般由标题、正文、落款组成。

（一）总结结构

总结一般有如下三种结构。

1. 纵式结构

就是按照事物或实践活动的过程安排内容。写作时，把总结所包括的时间划分为几个阶段，按时间顺序分别叙述每个阶段的成绩、做法、经验、体会。这种写法的好处是事物发展或社会活动的全过程清楚明白。

2. 横式结构

按事实性质和规律的不同分门别类地依次展开内容,使各层之间呈现相互并列的态势。这种写法的优点是各层次的内容鲜明集中。

3. 纵横式结构

安排内容时,既考虑到时间的先后顺序,体现事物的发展过程,又注意事物内容内在的逻辑联系,从几个方面总结出经验教训。

(二) 总结标题

标题是总结的"眉目",要写得简明、确切。拟写总结标题一般采用如下三种形式:

(1)公文式标题,这种标题比较常见。

(2)文章式标题,这类标题要求突出反映总结的核心内容,起到画龙点睛的作用。

(3)双标题,用主标题点明文章的主旨或重心,副标题为公文式标题形式,此类标题形式往往用于理论性比较强的总结。

(三) 总结正文

总结的正文分为开头、主体和结尾三部分。

1. 开头

总结的开头部分如同"凤头",要求用高度概括和浓缩的写作语言,抓住关键,突出主题,简明扼要,对整个总结起到一个提纲挈领的作用,使人对整个总结有一个大致的了解,为总结主题提供一个清晰的脉络。总结的开头多为一个自然段,一般有四种写法。一是概述式写法,即将需要总结的工作从整体上进行高度概括,简要概述工作基本情况、工作成效与成果以及基本评价等。二是结论式写法,即将工作总结得出的经验和得出的结论写在前面,然后引出工作是如何开展的正文部分。三是提示式写法,即对总结的内容先做提示,点名总结属于哪一个工作范畴等。四是对比式写法,即将所开展的工作同过去进行比较,写出取得了哪些新的突出成绩或发生了哪些新的变化,然后引发总结主体部分。

2. 主体

主体部分是总结写作的重点,要求内容丰富充实,要详细叙述整个工作的开展情况,包括所采取的措施、方法、步骤;在工作中遇到了哪些情况和问题,是如何加以解决的;通过工作,取得了哪些成绩等。

主体部分篇幅大、内容多,在写作上要围绕中心,抓住重点和关键,做到详略得当,叙述要条理清楚,层次分明。在结构安排上,一般按照工作内在的联系安排层次,或者按照整个工作开展进程的时间顺序,将其划分为几个阶段,分别表述。在系统性总结和综合性总结中,这两种方法一般结合使用。

3. 总结

总结写作应当注意做到以下四点:一是总结要"全"。要全面反映所要总结工作的全部内容和整个过程。但"全"不能是没有重点地贪多求全、主次不分,应当围绕总结目的和中心,做到详略得当。二是情况要"实"。总结工作应当客观真实,不能夸张、缩小事实,更不能随意杜撰、歪曲事实。列举的事例和数据都必须完全可靠,确凿无误。要经得起实践的检验。三是要"准"。在评价工作取得成绩或工作失误时,要把握分寸,力求准确适度、留有余地,避免"太满""太过"现象。四是逻辑要"严"。严密的逻辑才能使人信服,一篇总结从头至尾应当做到题目和内容一致,观点和事例一致,叙述和结论一致,开头和结尾一致。

此外在拟写总结时,应当首先明确总结的目的,确定总结所要突出的中心和重点,在全面掌握材料的基础上,可以先列出总结的提纲,然后逐一填充内容,初稿完成后再进行详细修改润色,最后请领导审阅定稿。

总结在结构上应当全面、紧凑、精练,材料剪裁得体,详略适宜,段落层次清楚;语言要力求做到文字朴实,简洁准确、要言不烦,切忌笼统、累赘。

第十节　会议报告

会议报告是指在重要会议和群众集会上,主要领导人或相关代表人物发表的指导性讲话,具有宣传、鼓动、教育作用,是会议文件的重要组成部分和贯彻会议精神的依据。

一、行文要求

会议报告一般可分为政治报告、工作报告、动员报告、总结报告、典型发言、开幕词、闭幕词等类别。其中工作报告在防汛工作领域应用最为广泛,每年召开防汛会议、防汛工作动员会、行员会议及发生重大险情时的紧急会议等,均需要工作报告。会议报告是指在会议上就有关工作、形势与任务或问题做出介绍、分析、评价或总结而写成的报告。

会议报告具有以下特点:

(1)理论性和逻辑性。会议报告是领导人在会议上或重要场合以领导身份站在决策集团角度上所发表的讲话。报告主要目的是总结工作、分析问题、提出要求、部署任务等,因此会议报告既要注重事实分析,又要从理论高度上进行归纳概括,进而指导实践,因此必须有较强的理论性和逻辑性。

(2)双向性和交流性。会议报告直面听众公开发表讲话,具有直接性、当众性的特点,正是由于这种面对面的宣讲形式,就使主体和客体之间具有双向性和交流性。报告能否吸引听众,不仅取决于报告的文采或领导的演讲口才,更关键的还取决于报告内容是否为听众认可和接受。

(3)切实性和针对性。会议报告的核心是分析和解决具体的实际问题,具有很强的针对性。它一般要总结成绩经验、说明现状和存在问题,部署工作,规划未来等。

(4)集中性和灵活性。集中性是指会议报告应该紧紧围绕会议主题,灵活性指形式上无固定的格式和要求。

(5)通俗性和清晰性。会议报告主要靠口头语言来传达,报告声过即逝,具有"一次性"的特点,因此要根据听众对象的不同采用不同的语言风格,使听众容易理解和接受。一篇好的会议报告应当语言生动,文采打动人心,撰写报告时应尽量避免过多使用书面语言。

会议报告虽然以领导成员个人名义出现,但并非个人意见,而是领导班子集体的意向。会议报告下发后就同其他公文一样就具有指示性质和重要的约束力。下属部门和机关必须贯彻落实。

二、结构内容

会议报告由标题、称谓、正文三部分组成。会议报告的标题一般由会议名称和文种构成，或者由正、副标题构成，正题揭示报告的主旨，副题则标明报告人、会议名称、时间和文种。并在标题下面分别标注姓名和日期。称谓一般用"各位代表"或"同志们"，正文部分一般先概述前一阶段的工作概况，内容包括对工作的总体评价，任务完成情况，取得成绩的依据、条件等。或者直接阐明召开会议的意义和主题。其次是对具体工作从不同方面提出意见和要求，进行部署和安排等，结尾多数是发出号召。

会议报告要紧紧围绕报告的主题，把握重点，总结工作要简明扼要，分析形势和问题要抓住主要矛盾，制订措施切实可行，部署安排要清晰明了，鼓动工作要铿锵有力。要注重报告内在的逻辑性，内容丰富充满张力，语言要通俗生动、论述清楚，生动活泼，富有文采。

第十一节　调查报告

调查报告是就某一事件、某一情况或问题进行深入细致地实地调查后，经过科学归纳整理和分析研究所写成的文书。调查报告内容必须真实，必须用事实说话，在对确凿的事实材料进行分析、研究的基础上，揭示出事物的本质，查找阐明事物发展规律，从而得出正确的结论。为制订政策与方针奠定基础。

一、行文要求

从内容性质、作用及写作侧重点分类，一般将调查报告分为如下三类：

（1）情况调查报告。此类调查报告内容具体，观点明确，通过对调查对象进行深入系统的调查研究，从中得出科学的结论。此类调查报告的目的是供上级机关或有关部门参考，作为贯彻政策、采取措施的依据。

（2）经验调查报告。一般是对成绩较为突出、做法较为先进且具有典型示范带动意义的特定工作或特定单位的具体做法进行深入调查得出的报告。主要目的是介绍先进经验，促进和带动工作开展。

（3）问题调查报告。此类报告主要是针对某一方面的问题而进行的专题调查报告。主要目的在于澄清事实真相，判明问题产生的原因和性质，确定造成的危害，提出解决问题的途径和建议，为问题的最后处理提供依据。

二、结构内容

（1）调查报告由标题、正文构成。调查报告的正文部分一般由开头、主体、结尾三部分组成。调查报告的开头，要用简洁凝练的文字将调查的基本情况包括背景、目的、对象、范围、核心内容等交代清楚，同时对全文内容具有提纲挈领作用。在主体部分要详细介绍调查对象的具体情况，如事情产生的前因后果、发展经过、具体做法等；在此基础上要对所调查的内容进行认真的分析研究，找出规律，最后得出明确的结论。

（2）根据调查报告的类型、内容和调查的目的，主体部分一般采取纵式结构、横式结构和纵横结合三种结构形式。

纵式结构：按事情发生、发展、变化的过程或时间的先后顺序安排材料，或者以调查过程的不同阶段自然形成层次。写作时，可分成几个阶段，然后逐段说明情况，分析综合，找出每个阶段的经验教训，这种结构形式层次清楚、重点突出，便于读者对事物发展的全过程有清晰的了解。

横式结构：按事物的逻辑关系从不同的方面或角度叙述，用观点串联材料，以材料的性质归类分层，即把调查材料或要突出的问题按性质分成几个部分，每个部分加序号表示或加小标题提示、概括，优点是便于把经验和问题阐述清楚。

纵横结合结构：即将两种结构形式结合起来剪裁写作。

（3）调查报告常在结尾部分显示作者的观点，并用以概括全文，明确主旨，指出问题，启发思考，针对问题提出解决的措施、意见或建议，这是对主体部分的内容进行概括、升华，更是开展调查撰写调查报告的目的所在。

撰写一篇合格的调查报告，首先是要做深入的调查，只有深入的调查，全面掌握客观真实的第一手材料，才能在撰写报告时得心应手，左右逢源。其次是要透过材料找出带有规律性、具有最普遍指导意义的内容，并概括提炼成观点，从感性认识升华到理性认识，并最终指导实践。最后要叙议结合，要将叙述事实同议论观点有机地结合起来。写作上要合理安排结构，做到层次清楚，语言运用准确简练，文风朴实。

第十二节　讲话稿

讲话稿是在各种会议或集会上，为表达讲话者的见解、主张，交流思想、进行宣传或者开展工作而经常使用的一种文书。

一、行文要求

同一般公文多以书面文字传递信息来实现行文意图不同，讲话稿是讲话者靠以声音为媒介传递见解、主张、感受，使受众接收信息的一种文书。讲话一般有其特定的受众对象，讲话稿的写作要根据讲话主体和受众客体以及所在场合等来确定讲话的方式、角度、态度以及程度。讲话稿在表述上应当口语化，要带有一定的感情色彩，尽可能运用口语化的语言，来调动听众的情绪，从而增强讲话的鼓动性、号召力和感染力。

常用的讲话稿主要有两类。一是公文式的讲话稿亦即各种会议上的工作报告，在会议报告中已经叙述。二是专题灵活式的讲话稿。

二、结构内容

讲话稿的标题一般以某某同志在某某讲话为标题。

写好讲话稿要注重开头部分，要用简要生动的语言吸引观众，从而达到活跃气氛，控制和掌握听众情绪的目的。讲话稿主体部分的写法虽然因人、因事在写法上有所不同，但总的来说，应当做到观点正确，层次清晰，逻辑性强，富有节奏。结尾部分以画龙点睛之笔概括整个文稿主题,提出要求和号召,起到鼓舞斗志、振奋精神的作用。

一篇好的讲话稿不仅可以提神鼓劲、促进工作,而且还能释疑解惑、达成共识。撰写一篇高品位、高水准的领导讲话稿,不仅要符合领导人的口味和习惯,还需要富有文采,活泼生动,富有激情和鼓动作用,这就需要写作者具备比较深厚的文字功底和丰富的实践经验。讲话稿在写作中应该注重把握以下几点:

一是意图要准。领导讲话稿必须充分表达领导的思想和主张,体现领导的个性和特点,反映领导的能力和水平。所以准确领会、充分体现领导意图是写好领导讲话稿的关键环节,同时要善于站在"领导"的高度和角度来看待问题进行写作。

二是起点要高。领导讲话通常是由主要领导同志代表单位讲的,这就决定了其所讲的问题要有理论政策依据,要体现领导同志的政策理论水平。

三是落点要实。领导讲话通常要求下级联系实际去贯彻落实,因此内容必须有的放矢,实实在在。讲话的主要目的,在于贯彻上级的精神,解决实际问题,一定要和本单位的实际相结合,不能空对空,或上下一般粗。

四是观点要新。所谓新,就是要创新、要发挥,使之具有独自的特色个性。讲话稿,只有创新才能打动听众,才能发人深省,才能更好地传达意旨。

五是层次要清。因为讲话稿是讲给人"听"的,因此讲话既要易于"讲",又要便于"听",这就要求做到层次结构分明、条理清晰、言之有序。

六是语言要活。讲话要想让听众坐得住、听得进、记得牢,入心入脑,除了有新意,还必须新鲜活泼、深入浅出、富于变化。

七是感情要真。"感人心者,莫先乎情",许多成功的讲话稿,都是把真挚的情感流露于字里行间,讲问题要推心置腹,使人心悦诚服;提要求要讲清道理,使人感到合情合理。要富于真情实感,做到情与事并联,情与理交融。

第十三节　述职报告

述职报告是指担任领导职务的干部,根据制度规定或工作需要,定期或不定期向任命机构、上级机关、主管部门以及本单位的干部职工,陈述本人或单位在一定时间内履行岗位职责情况的自我评述文书。

一、行文要求

述职报告是对自身工作完成情况和绩效作自我评价,一般情况下是在上级对报告者所在单位或报告者本人进行考核时使用。述职报告的听众一般是本单位的广大干部职工,因此述职报告应该通俗易懂,让大家听得清楚明白。

述职报告按时间阶段可分为任期述职报告、年度述职报告、阶段述职报告三类。按报告内容可分为综合性述职报告和专题性述职报告两类。按报告的主体分为代表单位所做的述职报告和个人述职报告两类。

在实际工作中,要注意区别述职报告同单位的工作报告、工作汇报及工作总结之间的差异。工作报告、工作汇报以及工作总结均是以单位作为主体,着眼于工作,以事为主。

而述职报告则是以报告者为主体,见人见事,因此应着重陈述述职者本人任现职期间主要做了什么工作,做的怎么样,既要写明履行职责的有关情况,又可以说明履行职责的出发点和思路,以及工作中还有哪些需要改进的方面等。在撰写述职报告时还应当注意把握分寸,应当准确客观地评价自己的工作和取得的成绩和贡献,既不要把别人的贡献记在自己账上,也不必过于谦虚,埋没自身取得的工作成绩,这是写好述职报告的先决条件。

二、结构内容

述职报告由标题、称谓、正文、落款等四部分组成。

标题一般直接写为《述职报告》,下面一行写上述职人的名字和述职时间。

报告抬头的称谓根据实际情况来确定,述职报告开头部分一般要先写明自己的职务,何时任职,以及所分管的工作,然后简要概述基本情况,可用"现将履行职责情况报告如下"过渡性语句引发下文。述职报告的主体部分应当较详细具体地叙述自己所负责分管工作的开展情况,取得的成效,以及在完成工作中发挥的作用和效果。在充分阐述工作取得成绩之后,根据情况和要求一般还要将工作中存在的主要问题及下一步需要努力的方向简要写出。

在最后结尾部分,述职者要向考核者和群众表明自己的愿望和态度,或对今后工作的设想,并请求与会同志评议、批评帮助,以期取得考核者和群众的了解、理解及帮助。

撰写述职报告时要以诚恳谦虚的态度,正确认识自己的长处和不足、成绩与失误。报告内容务必求实,要注重写出事实,让事实显示自己的工作实绩。对本人任职期间的成绩、评估要尽可能用事例、数据来说明,既肯定成绩,也不回避问题。既不宜使用"成绩优异""贡献突出"等结论性措辞,但也不必过于谦虚。行文文笔要语言朴实、简洁流畅,主次分明,详略得当。

第十四节　会议记录

会议记录是把会议的基本情况和会上的报告、讨论的问题、发言、决议、决定等内容当场记录下来的书面材料。会议记录是整个会议真实情况的文字记录,是写作会议简报、形成纪要的重要素材,具有纪实性、客观性和原始资料性的特点。

一、行文要求

对研究重大问题及事项的会议,应当详细记录,要按照次序尽可能地将每一位发言人员所讲的"原话"一句不漏地详细加以记录,有些情况下应将讲话时加重的语气和体态在原话后用括号加以注明。对研究部署不太重要的具体事项和问题的会议可以采取摘要记录的办法,记录发言的要点和重要内容。对发言可以做必要的分析和归纳,但应准确表达发言人的意见和建议,注意避免"加工太过"背离原意的现象。经常性召开的工作例会或者简单的一般会议可以简易记录,只需记录发言中的实质性意见即可。

二、结构内容

会议记录的标题一般由会议名称和文种组成。

会议记录正文一般要首先将会议的时间、地点、会议的议题以及会议主持人、出席人、列席人、缺席人等交代清楚。其次要将会议进行情况包括商议事项的情况汇报、与会人员的讨论发言等真实地加以记录，对需要印发的记录材料，在整理记录稿时要找发言人予以核对，最后要详细记录会议研究讨论形成的决定、决议事项。这部分是会议成果的综合反映，是与会者贯彻会议精神的根据，也是备查材料中最重要的文件，既要记录全面，又要记录准确。

会议记录最后应写明"散会"，注明散会时间。重要的会议记录，为避免日后许多难以预料的麻烦，与会人员在核对会议记录后应予以签名以示负责。

对于会议发言的内容，究竟是做详细记录，还是做摘要记录，应根据会议的性质、讨论的问题、发言内容的重要程度来定。会议记录应当准确、真实、清楚、完整。记录人应以严肃认真的态度真实记录发言的原意。关键的地方应当"一字不差"地记录原话。会议的主要情况、发言的主要内容和意见，必须记录完整，不能有遗漏。记录的字体不能过于潦草，不要使用自己创造的简笔字、简称或代号，免得其他人以后查考时无法辨认和阅读。在对发言人的口语，逐字逐句全部记录比较困难的情况下，可以去掉口语的虚字和重复话语，适当予以精练和概括，但要保持原意和原话的特点以及应有的语气。发言中有其他的重要插话，应当加括号记明。对会议作出的决议，必须准确无误地记录。对于会议上通过的决议，应记明赞成、反对与弃权的票数。与主题关系不大的话可以概括记录甚至不记。

会议结束后，要对记录稿中的错、漏、别字或字迹不清、语意不完整的句子加以补正。重要的发言记录要请发言者核对，以保证符合原意。重要的会议记录，在经过检查整理后，应送会议主持人审阅签字。在记录中凡涉及人名的，要写全姓名及职务，做好会议记录要讲求技巧，可以使用简称、缩写及简化符号，以提高记录效率，必要时以录音设备、录像设备做辅助。

参考文献

［1］胡一三.黄河防洪［M］.郑州:黄河水利出版社,1996.

［2］山东黄河河务局.防汛指挥调度［M］.郑州:黄河水利出版社,2015.

［3］山东黄河河务局.堤防工程抢险［M］.郑州:黄河水利出版社,2015.

［4］山东黄河河务局.河道工程抢险［M］.郑州:黄河水利出版社,2015.

［5］陈宝国.河南黄河防汛工作实务［M］.郑州:黄河水利出版社,2018.